精致女孩指南

Exquisite Girl Guide

GIFT

精致女孩指南

Exquisite Girl Guide
GIFT

张瀚一　著

青岛出版社

图书在版编目（ＣＩＰ）数据

精致女孩指南 / 张瀚一著. — 青岛：青岛出版社,2019.1
ISBN 978-7-5552-7732-3

Ⅰ.①精… Ⅱ.①张… Ⅲ.①女性－服饰美学－指南
Ⅳ.①TS941.11-62

中国版本图书馆CIP数据核字(2018)第231994号

书　　　名	精 致 女 孩 指 南	
	JINGZHI NÜHAI ZHINAN	
著　　　者	张瀚一	
出 版 发 行	青岛出版社	
社　　　址	青岛市海尔路182号（266061）	
本 社 网 址	http://www.qdpub.com	
邮 购 电 话	0532-68068091	
策　　　划	刘海波　周鸿媛　吴箫	
责 任 编 辑	王　宁　刘百玉	
装 帧 设 计	祝玉华	
照　　　排	光合时代工作室	
印　　　刷	青岛乐喜力科技发展有限公司	
出 版 日 期	2019年1月第1版　2021年10月第4次印刷	
开　　　本	32开（710 mm×1000 mm）	
印　　　张	10	
字　　　数	100千	
书　　　号	ISBN 978-7-5552-7732-3	
定　　　价	98.00元	

编校质量、盗版监督服务电话 4006532017　0532-68068050
建议陈列类别：生活方式、励志

张 瀚 一 （ B o n o ）

亚洲著名美妆师；

横跨时尚、生活方式、教育、影视等多领域的风尚人物；

微博超话＃张瀚一的礼物＃发起人；

个人著作《Beauty Book》（韩文版）；

曾担任《美丽俏佳人》主持人以及 CCTV-2《购时尚》、湖南卫视《越淘越开心》《第一时尚》、浙江卫视《完美新生活》、东方卫视《时尚汇》、深圳卫视《时尚美装》、安徽卫视《年轻十岁》、贵州卫视《我要你最美》、吉林卫视《身心美丽说》、BTV 财经《品位消费在北京》 等多档时尚节目的特约美妆专家；

合作过的艺人包括李宇春、伊能静、贾静雯、秦海璐、海清、董璇、贾乃亮、黄立行、江映蓉等；

合作品牌包括 CHANEL, SK-II, OLAY, sisley, MAKE UP FOR EVER, su:m37° 等。

个人微博: https://weibo.com/bonozhang

Chapter II － 精致女孩的身体护理清单

Chapter Ⅲ － 生活型格

Chapter IV － 工作星人

Chapter V － 情感达人

Chapter VI － 十八个习惯指令

扫一扫，

加入本书读者圈。

就像黄伟文在歌曲《小团圆》中对张爱玲的描述："在最坏时候，懂得吃，舍得穿，不会乱。"这是我能找到的对"精致"最准确的描述。

真正精致的女孩绝不仅仅拘泥于面部护理，还在于她对生活中细枝末节的讲究，甚至包括凌驾于生活之上的精神追求。

至今记得，《红楼梦》中关于黛玉有一个特别生动的细节描述：

"黛玉便回头叫紫鹃道：'把屋子收拾了，摞下一扇纱屉，看那大燕子回来，把帘子放下来，拿狮子倚住，烧了香就把炉罩上。'"

这段讲述的是大燕子在黛玉的屋子里做了一个燕窝，她为了方便大燕子飞回来给小燕子喂食，便让紫鹃把纱屉摞下，并把帘子的边角用狮子给倚住，这样大燕子就可以来去自由了。顺手把香料点上，是为了让香味不至于太过浓烈，还得是拿带花漏的炉罩给罩上。

去年在看《爸爸去哪儿2》的时候，我被一个细节触动了。节目组偷偷邀请了妈妈团到山里的农村给爸爸和孩子们准备一顿饭。做完饭后，曹格的妻子摘了几片树叶，卷起来用牙签从中间一插，就做成了一个筷子托。

无论是生活在小说里的黛玉，还是大山深处制作手工筷托的妈妈，我想说的是：这得是一颗多么精致的心才有对生活如此多的热爱。真正的精致，是能在任何糟糕的环境下，找到点缀生活的办法。

在我看来，精致分为两个方面：外在和内在。

我们在评价一个人看上去特别舒服的时候，通常都会讲：他看上去好干净，好有气质。其实在生活中做到"体面"，我觉得这完全是一个普通人的分内之事，甚至都谈不上对他人的基本尊重，这属于自我的基本素养。

近两年，我在做素人（普通人）改造的过程

中，才突然意识到，身边的大多数女生都处于化妆、护肤、穿搭等领域的"小白"状态，很多女生的脸都成了各种化妆品的试验田，不仅浪费了大量的钱财，而且对皮肤造成了不可逆的伤害。

如何变得精致？这对国人来说是一门必修课，一门亟待学习的必修课。请相信我，那些无视外在形象管理的人，必然会因为糟糕的形象失去一份工作、一场爱情，或者一次合作……

这本书里，我会将这些年为艺人和名媛服务总结出的经验倾囊相授，希望通过这本书，至少可以让20%的女生精致起来，让80%的女生体面起来。

如果仅仅是教会了大家如何穿搭、护肤、找到适合自己风格的配饰，我觉得自己只是做了分内之事。对于很多女孩而言，也不过是练就了一副美好的皮囊而已，而拥有一颗经得起生活和时间磨炼的心才是获得幸福的不二法门，也是让外在美得以持久保鲜的充分必要条件。

于是，我也将这些年在时尚圈的所感、所闻、所想、所悟的东西整理归纳出来，一并写给大家。比如：如何去面对突如其来的挑战；如何去摆脱"老好人"的标签；如何克服拖延症；如何像史密斯夫妇一样，给自己的爱情体检。

对我而言，内在的精致更像是一种沉淀后的心态，一种不断跳出舒适区、勇于进取的态度，一种积极而健康的生活方式。

101 个高频场景，101 个实用指南，101 种变得更好的可能……我希望每一位读完这本书的女孩，都能让自己深深地、狠狠地感到："我值得被认真对待。"

接下来，请跟我一起走上这段精致旅程吧！

请在符合自己情况的项目前打"√"，然后清点"√"的数量，在测试题的最后找到属于你自己的精致指数。

～～～～～～～～～～～～～～～

☐ 早晚使用洗面奶进行洁面，并认为热水洁面去污能力更强；

☐ 清晨基本上不会进行护肤按摩；

☐ 搞不清水、乳、霜的涂抹顺序；

☐ 只在夏季有明显日照的情况下使用防晒产品；

☐ 对于甘油三酯、小分子多元醇、曲酸、亚油酸等护肤品成分完全陌生；

☐ 每周去一次角质或者从来不去角质；

☐ 完全不了解自己的肤色属于冷色调还是暖色调；

☐ 认为使用好的护肤品，就能治愈痘痘；

☐ 完全依赖朋友推荐和网红爆款选购衣服；

☐ 每天早上会拿出 10 分钟以上来挑选衣服；

☐ 认为高仿 A 货与正牌奢侈品没有差别，反正别人完全看不出来；

☐ 完全不了解每一年的流行色系；

☐ 饮食以外卖为主，偶尔聚餐为辅，基本上不做饭；

☐ 完全不了解自己的 BMI 值（身体质量指数），也不知道自己的 BMI 值是否在健康范围内；

☐ 从未主动进行过体检；

☐ 只有在口渴的情况下才意识到要喝水；

☐ 近一个月出现莫名脱发、肌肉酸痛且精力不足的情况；

☐ 经常以不吃肉或者节食的方式减肥；

☐ 在工作压力期容易出现皮肤发痒或者敏感的症状；

☐ 近一个月从未进行过任何形式的健身；

☐ 除了公司部门的同事，基本不认识其他人，

近一个月保持沟通的人数少于 20 人;

☐ 近三个月从未主动组织过饭局;

☐ 极少参加商务型聚餐;

☐ 近半年没有完整阅读过一本纸质图书;

☐ 会因为害羞而拒绝向高手请教;

☐ 经常说"听你们的""我都行""随便"等词语;

☐ 收入以工资为主,完全没有投资理财等复利
意识;

☐ 每一年的计划完成度低于 10% 或完全没有计划;

☐ 没有专属于自己的梳妆台;

☐ 床上一半的地方被杂物占据;

☐ 近三个月内从未收到花,哪怕是自己送给自
己的;

☐ 周末以睡觉或者加班为主;

☐ 近一周吃早餐的次数不足两次;

☐ 获取知识的来源主要是朋友圈转发的爆款文章;

☐ 近两周未换洗过床单;

☐ 近一周有超过 3 次 24 点以后睡觉；

☐ 近一个月内未整理过房间；

☐ 从不使用香水或香氛；

☐ 完全无法忍受独处；

☐ 做任何事情都喜欢参考他人的意见；

☐ 一套护肤品的使用时间超过半年；

☐ 近一个周未曾收到异性邀约或同性赞美；

☐ 近三天没有主动赞美他人；

☐ 很少拒绝他人的劝酒、劝饭行为；

☐ 包包里从不装镜子和口红；

☐ 超过两周未清洗化妆工具；

☐ 经常以"单身狗"或者"女汉子"调侃自己；

☐ 社交场合中经常独自看手机；

☐ 超过 25 岁，衣橱内还没有一套拿得出手的正装；

☐ 容易相信命运，并认为在适当的年龄应做适当的事。

你是精致达人吗？

0 ~ 10 个"√" 属于精致狂魔

精致指数： ★ ★ ★ ★ ★

  我猜测你属于那种就算困到天昏地暗，也会遵照科学法则按部就班地完成护肤步骤、去酒店带浴巾、吃东西算卡路里的精致狂魔。这说明你对自己有足够高的要求，自控能力、审美能力非常强，对生活有非常大的热情，能够主动去管理自己的身体和精神状态，而且对未来有长远的规划。你在生活中肯定是一位意见领袖，你的价值资源圈非常地广泛，比较容易吸引贵人相助。希望你继续保持，也希望你能够在本书中找到解决你打"√"的问题的答案。

11 ~ 20 个 "√"　属于精致达人

精致指数：★ ★ ★ ★ ☆

我猜测你已经总结出了一套适合自己的化妆技巧和营养套餐。即使不是化妆、服装、心理学专业科班出身，你仍凭借聪慧的大脑、对美与生俱来的敏感以及无数个埋头苦学的日夜，成就了今天光彩夺目的自己。作为精致学员的绩优生，记得重点关注打"√"的部分。

21 ~ 30 个 "√"　属于体面人

精致指数：★ ★ ★ ☆ ☆

"体面"可以看成是一种讲究，应付一般性质的职场和社交需求完全足够，这也是我认为女生应该给自己定下的最低标准。在生活中做到体面示人，其实是对他人的尊重，是最基本的要求，但是希望你能够再接再厉。从体面到精致其实只有一个关键词："用心"。你可以订阅两本时尚杂志，可以参加一下线下的读书沙龙……让自己走出舒适区，去发现更多的可能性。当你见过真正精致优秀的自己，你是不会退而求其次的。重点关注打"√"的问题，把落下的那一半精致的自己补上，祝你好运。

31个""√"" 及以上 属于纯素人

精致指数：★ ★ ☆ ☆ ☆

很遗憾，你与精致和体面暂时有缘无分。我需要提醒你的是，从此刻开始，关注自己的健康问题，而且你的皮肤有很大概率会出现提前衰老的问题。首先，你需要了解一些护肤、穿搭、彩妆、社交等方面的基础知识，纠正一些基础错误；其次，放松心态，不要给自己太多压力，学会给自己做一些工作、生活、理财等方面的规划，用一些"套路"去改变自己的老好人思想；再次，重点提升时间观念，逐步地安排好每一个需要学习的类别……以上问题，在本书中都能找到答案。相信自己，你值得被更好地对待。

Chapter

I

第一章

精致女孩的皮肤护理清单

有个好朋友跟我说

就算白天工作压力很大，一回到家坐在梳妆台前

仔细卸妆、认真护肤的时候

心情都会变好

是的，只要自己珍爱自己

没什么能打败你

"老师，我是干性皮肤，适不适合用美白淡斑的产品呢？" "老师，我皮肤有些敏感，适合做美白吗？" "老师，夏天适不适合使用美白类的产品呢？" 不断有人这么提问，但我不可能铁口直断地用"是"或者"否"来回答。其实，能够提供答案的就是你自己的皮肤，你应该好好问问它这些问题：

1. 皮肤是否喝饱水了呢？

2. 皮肤水油是否均衡？

3. 皮肤角质层是否健康，有没有出现角质层破损的皮屑？

4. 皮肤有没有敏感或是过敏现象？

如果皮肤基底水分充足、水油均衡，角质层

平滑健康，没有过敏现象，很好，你正适合做美白、抗衰老的护理。但如果皮肤因缺水出现角质层干燥破损、敏感，甚至外油内干，那皮肤耐受力正处于薄弱阶段，是没有任何条件做其他功能性保养的。此时保养，不仅无法发挥护肤品的效果，反而会引起皮肤敏感。所以说，无论哪一种皮肤类型，补水保湿才是一切功能性护理的基础。

　　大多数人的日常补水组合都只有水和乳液，而忽略了面霜的重要性。首先我们需要搞清楚，补水、保湿是前期的两个步骤，而我们最终要达到的效果是锁水。使用水和乳液，包括做面膜，都属于给皮肤补水，而面霜当中所含的油脂就像是一层保护膜，有了这层保护膜，才能将之前补充的水分牢牢锁在皮肤当中。即便皮肤正处于出油较多的阶段，也无须担心面霜会加重这种油腻感。护肤品的技术一直在更新和进步，现在市面上已经有很多质地轻薄、保湿效果好的面霜产品，我们可以有针对性地去选择，但不可以省略"锁水"这个步骤。

真的是有非常多的人问我各种关于清洁的问题，比如：

怎么洗脸才能清洁得更彻底？

每天都用洗脸仪洗脸，还是觉得不够干净，要不怎么还会有黑头和翘起的角质皮屑？

清洁面膜要不要每天用？

脸上出油多，该怎么去角质？

……

大家似乎都患上了盲目的"清洁崇拜症"，好像一切皮肤问题都是由于清洁不够造成的，这种想法着实让人忧心。太多片面的产品宣传令人们对油脂和角质心存偏见，总是对它们避之不及。

其实，油脂是皮肤的天然保护层，适当的油

脂可以保护皮肤，帮助皮肤锁住水分。如果过度清洁，皮肤锁水力会下降，那么无论怎样补水，都不会有很好的效果。过度清洁油脂→锁水力降低→皮肤干燥→分泌更多油脂保护→过度清洁，这是很多人容易陷入的一个恶性循环，最终会导致皮肤出现严重的外油内干的状况。

角质层是皮肤的防御层，能够阻隔外界物质的侵扰。同时，健康的角质层就像一个蓄水池，能够帮我们锁住皮肤中的水分。皮肤出现的皮屑，不一定是老废角质，它们很可能是由于角质受损破裂而剥落的碎屑，这个时候要及时补充水分，用油脂帮助皮肤锁水，慢慢修复角质层，才能避免出现更加严重的皮肤干燥问题。但是很多人在皮肤出现油腻感和角质屑的时候，第一选择往往是清洁，忙着去除这些角质，最后反而使皮肤丧失储水能力。

　　每天早晚清洁皮肤就足够了。在选择和使用清洁面膜、面部去角质产品以及各种类型的洁面仪时也要因人而异，过度追求强力清洁反而会破坏皮肤表面健康的角质，导致水分流失，出现角质破损、红肿或者过敏现象。在这里，我必须反复强调，清洁适度才能让皮肤达到良好的平衡状态。

可以按照这个方法测试一下你现在使用的清洁产品的洁肤力：在清洁完皮肤之后，不要使用任何产品，让皮肤在温度、湿度适宜的室内静置，观察皮肤状态的变化：

1. 皮肤特别干燥，长时间都无法恢复。

2. 刚开始皮肤很干燥，但很快就开始大量出油。

3. 洁面之后皮肤仍然晦暗。

4. 使用该洁面产品一段时间后，皮肤出现黑头或白头，毛孔有明显阻塞物。

5. 洁面后 30 分钟到 1 小时，皮肤能够自然恢复柔润。

如果出现状况 1 或 2，说明你现在使用的洁面产品对你的皮肤来说清洁力过强，长期使用会削弱皮肤屏障，加重皮肤干燥和外油内干的状况，还会导致皮肤敏感。如果出现状况 3 或 4，说明这款产品对你的皮肤清洁力度不足，无法将多余的油脂和老废角质充分带走，从而出现毛孔堵塞的问题，长时间清洁不足的话会导致粉刺产生。如果出现状况 5，则说明该产品清洁力度适中，恭喜你，你选对了清洁产品。

我们选择洁面产品的原则是：清洁程度与自己皮肤的需求一致。不同类型的皮肤清洁重点不同。

对于角质较厚、皮脂分泌旺盛的皮肤而言，角质和皮脂堆积会让皮肤变得晦暗、毛孔堵塞，需要依靠清洁力度较强的产品去除多余皮脂和角质。含有皂基的洁面产品具有良好的起泡能力和深层清洁效果，但是碱性皂基的刺激性比较大，更适合阶段性或局部使用。含果酸和水杨酸成分的产品也适合这种类型的皮肤使用，但使用含有果酸成分的产品之后，白天一定要涂抹防晒霜，做好防晒工作。水杨酸的深层清洁效果更好，而且本身具有抗炎效果，所以刺激反应也更小。

对于皮肤本身就非常干燥的人，不管是卸妆还是洁面，动作都要尽可能轻柔，避免过度摩擦皮肤。洁面产品尽量选以植物油脂为主要清洁成分的，洁面的水温以"无感水温"最好，也就是用与皮肤温度基本一致的水清洗面部。洁面后用毛巾以按压的方式吸走多余水分，并立即使用补水滋润的护肤产品。

对于中性耐受型皮肤，洁面产品的可选范围相对更广，可以根据自己的偏好选择。去除老废

角质的功课要适当进行，不宜太过频繁，以保证

角质层的健康。

关于清洁的问题，我一直强调要合理，不要一味追求"彻底清洁"，那样反而会伤害皮肤。作为清洁辅助工具的洁面仪，能够给皮肤带来很强的清洁效果。如果使用得当，它会是美容的加分项，而如果选择和使用得不恰当，则会带来相反的效果。

就像不同类型的皮肤要选择不同类型的护肤品一样，干性、油性、混合型皮肤所适用的洁面仪是不相同的。

干性皮肤可以选择超声波震动洁面仪。将洁面刷轻轻放在皮肤表面按压或打圈，利用声波震动顺着皮肤纹理进行清洁。使用超声波震动洁面仪还有促进血液循环、帮助淋巴排毒、光滑皮肤、淡化细纹的作用。

油性皮肤油脂分泌旺盛，适合选择电动旋转

的可替换刷头的洁面仪。施力均匀地按摩有助于打开毛孔，通过深层清理油脂污垢，可帮助清洁和紧致毛孔，控制油脂含量，清除老化角质。如果长期使用，每 3 ~ 4 个月应更换一次刷头。

混合型皮肤的情况比较复杂，分区护理是最理想的方式。如果觉得使用两种洁面仪会让洗脸变得太复杂，可以选择洁面刷较长较柔软、转速低的洁面仪，能自主控制不同区域的清洁力度。

以下两种情况是不可以使用洁面仪的：

1. 敏感皮肤，或者皮肤正处于敏感期；

2. 痘痘肌，以及面部长有痘痘的区域。

敏感皮肤本身耐受力不佳，洁面仪的刺激可能会使敏感状况恶化。其实，敏感肌只要选对洁面产品就能达到良好的清洁效果，但使用洁面仪就会雪上加霜。那些红肿的状况说明皮肤本身已经受损，需要累积油脂和新生的健康角质层去保护，就像是已经受伤的皮肤正要愈合，你就用洁面仪把刚刚结痂、新长出的皮肤刮掉，伤口反复受损必然难以痊愈，持续下去还可能引起发炎。

痘痘皮肤跟敏感皮肤一样，都存在不同程度的炎症，再柔软的刷毛也会造成我们肉眼看不到的小伤口。使用洁面仪过度清洁皮肤，不经意的摩擦易令痘痘破损发炎，周围皮肤也会遭受感染。

使用洁面仪要掌握正确的方法和适度的时长。油性皮肤一周使用频率不超过 4 次，干性皮肤不超过 3 次。使用时先用清水沾湿面部，将洁面产品起泡后在脸上轻揉，再使用洁面仪清洁。用洁面仪清洁面部的时间不宜过长，1 分钟左右即可，在容易出油的部位打圈清洁 20 秒左右，而比较干燥、细嫩的皮肤清洁 10 秒左右就足够了，以免过度清洁将皮肤本来健康的角质层破坏，留下不易察觉的创伤。要记住，适度才是清洁的首要原则。

被各种各样的教程、广告影响了许久，大部分人对护肤的顺序都是比较了解的，就算是新手也知道要将化妆水用在洁面之后的第一步，但是对于化妆水在护肤中起到的作用仍然知之甚少。柔肤水、收敛水、保湿水、紧肤水……面对种类繁多的化妆水，你是否知道该怎样选择呢？

作为清洁和护肤之间承前启后的一步，不同成分的化妆水能够为不同需求的肤质做好基础准备，以便后续保养工作起到更好的作用。虽然名字不同，但从功能上来说，化妆水大体分为两类：清洁型和保湿型。

清洁型的化妆水中含有一定的酒精或薄荷醇，能够清洁皮肤、收缩毛孔，还具有一定的抑制油脂分泌的作用。通常叫"收敛水""收缩水""紧肤水"这类名字的，都属于清洁型化妆水，比较适合油脂分泌旺盛、老废角质较多的皮肤。使用时，将化妆水倒在棉片上轻轻擦拭皮肤，带走面部多余角质，使用后皮肤会有即时收紧的效果。

保湿型化妆水的成分中添加了水溶性保湿成分和天然保湿因子，所以通常比较黏稠，"柔肤水""保湿水"都属于保湿型。它们的作用是软化角质，快速为皮肤补充水分，以便后续保养品达到更好的吸收效果。干燥皮肤在使用保湿型化妆水的时候也尤其要注意，不要使用化妆棉擦拭，尽量用手将化妆水轻轻拍在面部，避免化妆棉带走更多角质，导致角质层受损。

干燥皮肤注意要选择不含酒精成分的产品。中性皮肤可选的产品范围比较广泛。不过，这并不代表你的皮肤能够一直处于这种状态，不良的护肤习惯可能让肤质发生改变，所以在日常的护肤中要尽可能让你的皮肤保持在这种健康的中性状态中。根据皮肤在不同季节、温度、环境下的需求，应交替使用有控油、降温、收敛作用的清洁型化妆水，或者是具有软化角质、补充水分作用的保湿型化妆水。

扫一扫，
看作者亲授化妆课

皮肤敏感的原因主要分为两大类：第一类，皮肤先天的耐受力低，任何刺激都会激发皮肤产生不必要的防御反应，形成敏感症状；第二类，皮肤角质层受损，发挥不了正常的屏障功能，因无法抵御外界刺激而出现敏感症状。

真正属于第一类，先天皮肤耐受力低的敏感皮肤实际上并不多见，大部分人都是因皮肤角质层受损而阶段性地处于"敏感肌"的状态。通常皮肤干燥、缺水经过长期恶化就容易敏感，所以，做好角质层的修复，让皮肤屏障恢复健康，可以改善皮肤敏感的状况。

当皮肤已经处于敏感状态，首先，我们要远离会对皮肤造成刺激的敏感源，比如含有刺激性成分或致敏成分的产品，具体见本节结尾处。空气中的粉尘、花粉、柳絮以及过冷或过热的环境同样会刺激皮肤表层，如果无法避免处于这样的环境，比如打扫卫生时或者在冬季，戴上口罩也能起到一定的保护作用。

其次，一定不能过度清洁！这件事我要重复一万遍。敏感说明皮肤角质层已经受损，过度清洁会进一步破坏角质层，加剧皮肤干燥和敏感的状况。洁面时过度按摩，经常去角质，经常使用清洁面膜、洁面仪，对于敏感皮肤来说，这些都属于过度清洁。

最后，护肤的重点要放在基础护肤上，也就是补水。美白、抗皱、抗老这类功能性护肤要求皮肤有较好的耐受力，这些产品中有些成分会对敏感皮肤造成刺激，进而加重敏感。在进行基础护肤时，先为皮肤补充水分，使皮肤逐渐达到稳定的状态；最外层再使用油脂含量相对较高的保湿面霜锁住水分，帮助皮肤建立屏障。

另外，在选择产品的时候要用含有镇定、抗炎、抗敏成分的保养品，比如尿囊素、甘草和洋甘菊等植物精华，以及红没药醇等，这类产品通常会标注"敏感肌专用"。

很多皮肤敏感的人，担心护肤品刺激皮肤，愿意选择宣称不添加防腐剂或香精的产品。其实选择不含香精的护肤品是对的，但是对于"不添加防腐剂"的产品要更加慎重选择。因为这类产品在生产中对于无菌条件要求很苛刻，否则细菌污染保养品要比添加防腐剂造成的后果更加严重。而且，通常保养品至少要 3 个月才能用完，在使用过程中，细菌对保养品的二次污染会让其变质，所以请你谨慎面对此类宣传。如果要购买"不添加防腐剂"的产品，可以选择一次性的，或者有其他抗菌成分的产品。

皮肤状况和敏感原因都是因人而异，下面这些比较容易引起敏感的成分仅为较常见的，不是全部。

附：容易引起敏感的成分一览

丙二醇	油醇
硬脂醇	乙酰化羊毛脂醇
柠檬醛	苯甲醛
香茅醛	柠檬油
安息香油	月桂树油
秘鲁香油	茴香油
硫黄	咪唑烷基脲
月桂醇聚醚-4	硬脂醇聚醚-10

我们每天眨动眼睛的次数约为 10000 次，眼睛是我们使用最频繁的一个部位，但眼周皮肤的厚度却只有面部其他部位皮肤的三分之一，加上女性 25 岁以后，眼周皮肤会松弛下垂，就越发显得衰老、疲惫、暗沉无光。

虽然现在大家都有眼部保养的意识，但更重要的是要了解自己眼周到底出现了什么问题，才能找到正确的应对方法。

眼周老化问题分类以及应对方案：

一、笑起来的时候，眼尾出现了细细的干纹，但是不做表情的时候纹路就消失不见了，这说明眼周的皮肤正处于缺水状态。要知道缺水可是皮肤衰老的第一步，如果不及时补充水分，干纹很快会变皱纹。所以，仔细观察一下你的眼周，做做微笑的表情，看看是否会出现这种情况。如果有的话，尽早使用具有补水保湿功效的眼霜，可以有效改善眼周皮肤的问题。

二、明明年纪不大，眼周却已经出现了明显的皱纹和暗沉。工作压力导致长期熬夜，以及仗着年轻忽视眼部补水，已经让你的眼周皮肤提前出现老化现象了。这种状况用补水类型的眼霜是无法解决问题的，你应该选择有抗老功效的眼部产品，才能达到补水润泽、紧实眼周的效果。

三、眼袋一旦产生，靠护肤品是不可能去除的，最好的办法就是预防它的出现。用眼过度、熬夜、污染刺激都会让眼部皮肤受到损伤，长此以往会造成代谢失调、浮肿，眼袋自然也就冒出来了。所以舒缓眼周皮肤，恢复眼周皮肤的健康活力，是非常重要的。选择专业的眼部按摩产品，

加上合理的按摩手法，可以促进血液循环，加速

代谢，帮助眼周皮肤恢复健康。

平常，我们已经做了一层又一层的防晒工作，对抗城市日光时算是防护到位。但如果去紫外线照射比较强的地方旅行，防晒总难面面俱到。面对紫外线的伤害，皮肤的晒后修复尤为重要。

皮肤经过暴晒后出现红肿发烫的现象，说明已经被轻微灼伤，这个时候要尽快帮助皮肤降温：可以用凉水冲洗晒伤的皮肤，或是用被凉水浸湿的毛巾冷却皮肤，但不要直接用冰块或是太冰的水。被灼伤的皮肤非常脆弱，过冷的刺激反而容易激发敏感甚至炎症。等灼热感褪去，可以使用敏感肌适用的补水保湿产品舒缓皮肤，为皮肤补充水分。

美白的事不要心急，尤其是皮肤晒伤之后。虽然现在很多美白类的产品都添加了抗炎成分，但这类具有功能性的护肤品本身就对皮肤有一定刺激性。晒伤后皮肤的耐受力差，建议还是先做好基本的舒缓抗敏工作，等皮肤完全恢复健康，再美白。

SK-II 的神仙水、POLA 的精华美容液、cpb 的贵妇面霜……本来下足血本买了一堆超贵的保养品，决心要给皮肤最好的享受，但高昂的价格难免让人在使用的时候精打细算一番，想着薄涂久用，总要用得物超所值才行。其实，这样才是最浪费护肤品的做法。

保养品就像是皮肤的食物一样，只有食物的量足够，皮肤"吃饱了"，护肤品才能发挥功效，尤其是化妆水和乳液。而且护肤品在开封之后，就会接触细菌，最好能在 3 ~ 4 个月之内用完，否则变质的产品对皮肤百害而无一利。所以每次用很少的量，既无法发挥护肤品的功效，又会因为长时间用不完而导致产品变质，再贵也只能丢掉。

我并不是建议大家购买廉价的产品，但是在

选择护肤品的时候，最好选择有品牌保障、价位也可以接受的产品，毕竟，让皮肤变漂亮才是我们的最终目的。

在讲课的时候，我常常被问到"彩妆会不会伤害皮肤？"的问题。其实，彩妆本身并不会伤害皮肤。但是，日常空气中的粉尘、汽车尾气、重金属颗粒，白天使用的防晒霜、隔离霜以及清洁不干净的彩妆残留物，会损伤我们的皮肤。所以，使用专业卸妆产品卸妆是清洁过程中一个非常重要的步骤。

卸妆油的原理可以简单地理解为"相似相溶"，它对油性彩妆以及防晒霜具有良好的溶解和去除效果。对于干性皮肤来说，卸妆油具有良好的柔润度，使用起来舒适度比较高。但是对于原本出油就多的油性皮肤来说，要注意避开含有矿物油成分的卸妆油，因为它有一定的致痘性。

使用卸妆油要注意几点：

1. 按摩时间不要过长。只要彩妆已经被溶解即可进行乳化清洁，过度按摩反而会让已经溶解的彩妆污渍渗入毛孔并造成堵塞，继而引发粉刺。

2. 卸妆油溶解彩妆之后一定要再使用清水清洁，具体方法是先加适量水混合按摩，使卸妆油和水充分融合、乳化，进而达到清洁的目的。如果乳化不彻底或者直接用水冲洗，都无法达到彻底卸除彩妆的目的，也容易产生痘痘。

使用卸妆水卸妆时，要用卸妆水浸湿化妆棉，顺着皮肤纹理轻轻擦拭，直到卸妆棉再次擦拭皮肤后没有任何彩妆残留，就代表已经卸除干净了。同时，在擦拭的过程中，卸妆棉也会带走皮肤上多余的老废角质。皮肤油脂比较多，或者是 T 区出油较多的人，也可以稍擦拭，帮助皮肤清除多余的皮脂，卸妆之后用清水冲洗面部即可。

受到一些明星护肤理念的影响，每天至少敷一张面膜似乎成了精致女孩的代名词。不过，就像某种食物虽然对身体好，但过量食用一样会导致身体出现问题一样，面膜用得太过密集不仅无法为皮肤带来想要的效果，还会造成皮肤负担，引发皮肤敏感。

确实有不少人对我说过，有的明星就是每天敷面膜，连吃饭的时间都充分利用，要不人家的皮肤怎么会那么好？那是因为有的人天生底子好，皮肤耐受力比一般人强，才受得了一天一张面膜的营养注入。但你不知道的是，明星们为了皮肤的健康，可能还进行了很多专业的护理。

所以，不要一味认定"面膜每天都要敷"这样的理论，可能原本健康的皮肤，在这种高压护理之下都慢慢地变敏感了。对于一般皮肤来说，一周进行 2 ～ 3 次的面膜护理就能达到不错的效果了。

　　我是在一次护肤分享的活动中，发现有很多人还不太了解睡眠面膜的使用方法。通常一些膏状的补水、美白、清洁面膜是在做完皮肤清洁之后，直接涂抹在面部使用，然后在规定时间内清洁掉的。所以很多人对于同样是膏体的睡眠面膜，也会直接用在清洁之后的皮肤上，而为了有更好的效果，可能还会涂厚厚的一层，然后才去睡觉，第二天早晨再将面膜洗掉。因为觉得这类睡眠面膜不像贴片面膜，用过之后还要再次清理、护肤那么麻烦，有些人会直接用质地清爽的睡眠面膜代替常规的夜间护肤。但是，这种使用睡眠面膜的方法是错误的，会造成皮肤的负担。

　　睡眠面膜应该在基础护理之后使用，也就是说在洁面后，我们要先按照爽肤水、精华／乳液、乳液／面霜的顺序涂抹，之后再轻薄地涂抹一层睡眠面膜。睡眠面膜的主要作用是在皮肤表面形成一层膜，隔绝皮肤和空气的接触，有效锁住基础保养品，为皮肤补充水分。所以，在睡眠面膜之前涂抹的这些保养品才是皮肤的主要养分来源，睡眠面膜只是加强皮肤对营养成分的吸收而已。

不要像使用其他膏体面膜一样厚涂！这点一定要记住。一般的膏状面膜厚涂10分钟左右就需要清洗掉，但是已经进行了层层叠叠的基础护理，如果再密密实实地涂一层很厚的睡眠面膜，皮肤一整晚都处于密闭的环境下，很容易造成毛孔堵塞，导致粉刺、痘痘、敏感等问题的发生。面膜的用量不要太多，一般来说取黄豆大小即可，可以根据自己脸部的大小适当调整。将面膜分别点在额头、脸颊和下巴的部位，再从内向外、由下至上打圈按摩，静置20分钟之后就可以睡觉了。太黏腻时，可用化妆棉把表面多余的面膜擦拭掉，或用热毛巾干敷数秒后，轻拍皮肤促进吸收，让面膜发挥功效。

我不提倡每天都使用面膜进行保养，会令皮肤营养过剩和呼吸负担加重，影响皮肤的自我修护能力。当然，理论上讲可以连续7天敷睡眠面膜进行密集保养，但从个体的角度考虑，首先你要观察自己的皮肤状态，近期是否比较敏感、是不是处于痘痘期、有没有角质层受损的刺痒现象，判断自己的皮肤是否适合这么高频率地使用睡眠面膜再决定保养方式，这才是真正对皮肤有益的做法。

随着美容仪器的制作技术越来越成熟，市场上出现了很多不同功能的家用小型美容仪。常见的家用美容仪都是运用电磁波、脉冲光、微电流等作用于皮肤的原理，来达到美容的效果的。

频射：

对于皱纹，目前非入侵的主要抗皱方式就是"频射"。真皮层的胶原纤维在 55 ~ 70℃时会立即收缩，同时刺激胶原蛋白再生。频射美容仪就是利用这个原理，通过仪器发出可以穿透皮肤作用于真皮层的电磁波，促进胶原蛋白修复再生，达到紧致去皱的目的。

红蓝光祛痘：

利用特定波长的光照射皮肤，能促进胶原蛋白的分泌，促进细胞加速新陈代谢，杀菌消炎，调节改善免疫机制，起到治疗痘痘和痘印的效果。

微电流：

通过电流促进肌肉运动，加速微细血管血液循环，增强细胞活性，恢复皮肤的弹性，达到紧致皮肤、提升线条的效果。

这些方便的小型美容仪，使用起来不必受到地点和时间的限制，让我们的日常护肤变得更有价值，但就像不同问题的皮肤要用不同的保养品一样，不同功能的美容仪也具有针对性。正确地选择并使用美容仪非常重要，使用前请好好诊断自己皮肤的耐受力，严格遵守使用说明，以免因使用不当造成皮肤损伤。

从觉得医美整形只属于明星，到今天走在街头，我们都能轻易看出谁矫正了鼻子，谁填充了下巴，医美已经越来越深入大众的生活，而注射美容则是其中最为普遍的一种医美方式。想要去掉讨厌的法令纹，想要脸更瘦一点，甚至无须诊断，爱美的人们就知道应该打玻尿酸还是瘦脸针了。

注射所能达到的效果的确是立竿见影，并且在医美相关的项目中，注射看起来最简单安全。对自己五官并不满意的人，希望借助这种方式让自己变得更美丽。这样的诉求无可厚非，但在注射之前，一定要充分了解你可能遇到的风险：为你注射的人是谁？他是否接受过正规的医疗培训？有没有正规的医疗资质？注射的到底是什么药品？在你决定注射时，你是否了解这些呢？不要因为熟悉而低估了注射的风险，那些注射美容失败的案例仍然时常能够看到：严重的过敏导致面部变形，注射之后导致面部僵硬、面瘫……这些后果无不令人心惊。

没有天上掉馅饼的好事。那些一边为你做按摩，一边推销低价玻尿酸项目的美容院，所使用的针剂到底是什么，是真是假可能连他们自己都不知道。美容院的目的是盈利，如果价格如此低廉却仍旧有利可图，那么所用针剂的真伪大概也能想到了。

现在大部分美容院针剂注射的操作者根本不是皮肤科医生，仅仅是没有任何医疗资质的美容师。在利润的驱使下，注射美容市场相当混乱。大多数人在注射之前，并不知道应该从什么地方找到可靠的医生，所以只能通过网站查询，但网站广告的真假实在难以辨别。谨慎一些的人会咨询身边做过注射美容的朋友，但这么做仍然无法避免风险。

事实上，医生的专业资质证明从国家卫生部执业医师注册查询的官方网站上就查得到，只是大家还没有这方面的意识。一定要谨记，即便是已经"泛滥"的注射美容，依旧是一种医疗行为，是作用于我们面部的手术，药品安全和操作者的资质都是重要的参考项。要像对待身体的其他手术一样，找正规的医生进行专业的诊断、评估和充分的术前准备，这样才是对自己负责的行为。

网络上有非常多 DIY 护肤品的配方，用料通常是天然蔬果、蜂蜜、酸奶一类的食材。这些蔬果听上去都对身体有益，而且自己动手制作似乎更加放心，绝对是纯植物、无添加。但是，使用这些 DIY 护肤品的风险要远远大于它的功效，对于敏感皮肤来说尤其不安全。

第一，植物中的维生素 C 会受到温度、光、pH 值等因素的影响。比如说常用的柠檬，因酸度太高、过量的维生素 C 对皮肤具有腐蚀性，直接敷脸会对皮肤造成强烈刺激。用包括柠檬在内具有感光成分的蔬果（如柑橘、黄瓜、菠萝、芹菜、菠菜、芦荟等）制作面膜，暴露在空气中的成分的氧化速度大于皮肤的吸收速度，大量的维生素 C 还没来得及被皮肤吸收就已经被氧化，在阳光直射下还容易发生日光过敏反应，让皮肤反黑，引起脱屑、发痒、红肿等现象。对皮肤护理要求非常高的话，这类感光度高的蔬果在食用时间上都要有所讲究，这一点我在其他章节中会有详细介绍。

第二，DIY护肤品无法在制作中保证无菌。除了制作过程中没有灭菌程序，天然原材料本身携带的微生物、残留农药等物质，如果直接用在面部容易发生细菌感染，特别是皮肤上有小伤口、痘痘或炎症时，会引起更多皮肤问题。

第三，未经提炼的蔬果以及乳制品中营养成分的分子较大，无法渗入皮肤更深层。这些食材中的成分大多只停留在皮肤表层，使角质层软化，但无法深入滋养皮肤，功效短暂且不稳定，经常使用甚至会改变皮肤的酸碱性。

"长痘痘可以化妆吗？"这个问题在我的学员答疑榜单上"名列前茅"。皮肤长痘痘说明已经有受损现象，甚至有炎症，这个时候对于护肤品和彩妆产品的使用都要格外注意。严格地讲，皮肤出现痘痘等问题时，最好的做法是停用所有产品，包括护肤品，尽早寻求专业的皮肤科医生进行治疗。等皮肤恢复健康后，再开始正常的护理和化妆。

但是我们不能完全不顾日常的工作和生活。长痘痘期间不用任何彩妆进行遮盖修饰，以素颜出门，精神状态必然会受到影响。在面对日常的社交、工作场合时，不佳的皮肤状态会降低我们的自信心，更加容易出现不安、抑郁、焦虑、压力等负面情绪。当负面情绪不断累积，最终刺激神经系统，扰乱内分泌，反而可能加重痘痘的状况。

保持积极乐观的状态，对保持皮肤健康大有益处。皮肤在长痘痘时，只要在保养的时候使用更加温和、无刺激的产品，轻柔地涂抹过后，是可以化妆的。通过化妆的方式，尽可能地将痘痘遮盖、修饰，能够带来积极情绪，让你更加自信地面对工作和生活。

卸妆的时候选择成分温和、质地清爽的水类卸妆产品卸除彩妆，动作要轻柔，避免刺激受损的皮肤或导致痘痘破损。

当皮肤干燥的时候，你是不是觉得，在脸上多涂一些保养品，皮肤滋润了，底妆就会更服帖呢？但当你擦了层层叠叠的护肤品之后，粉底刚一上脸，妆感就像和泥一样，起泥起得一塌糊涂。到底为什么会这样呢？

这种底妆起泥、不服帖的问题，主要是由以下几种原因造成的：

第一，护肤品没有完全吸收就打粉底，就会出现起泥的现象。

解决方法：一定要让护肤品充分吸收之后，再打粉底，尤其是冬天护肤品用得比较多的时候，这样才能让底妆更服帖。

第二，皮肤过于干燥的时候，底妆也很容易起泥。

解决方法：皮肤过于干燥的话，就会导致使用的产品长时间堆积在表层，无法被吸收，粉底和面部就无法贴合。所以做好补水保湿工作，让皮肤滋润才能更好地与粉底贴合。

第三，底妆产品的质地和妆前产品的质地不匹配。比如说你用了含硅的、用以修饰毛孔的妆前乳，却使用了水状的粉底液，两类产品质地不融合，就会起泥。

解决方法：妆前乳的质地要和粉底的质地相同，才能达到更好的底妆效果。简单来说就是：水润的粉底液配水润的妆前乳、油脂高的粉底乳配油脂高的妆前乳、修饰毛孔的含硅妆前乳也要用含硅的粉底。

如果你每天都做细致的清洁、周到的皮肤护理、定时检查保养品的使用时长，却一个月才清洗一回化妆刷和粉扑的话，那化妆工具上滋生的细菌可能让你对皮肤的精心呵护统统化为灰烬。

粉底中含有的油脂较多，非常容易残留在刷具上，所以粉底刷是最容易滋生细菌的工具，而且，粉底需要在整个面部使用，那些滋生的细菌混合粉底大面积附着在皮肤表面，就容易导致痘痘、粉刺的产生，甚至敏感肌问题的出现。粉底刷和美妆海绵每次使用之后都进行水洗是最好的，如果没办法做到及时水洗，每隔 2 ~ 3 天也要清洗一次。散粉刷、眼影刷、眉粉刷、腮红刷、修容刷这类主要蘸取粉末类化妆品的刷具，每周清洗一次即可。

对于一些价格比较昂贵的化妆刷，可以购买

专用洗剂。有些彩妆品牌在彩妆工具清洗剂中还加入了抗菌成分，能够起到更好的清洗效果，而且可以护理刷毛，延长工具的使用寿命。没有专用清洗剂的话，可以按照材质区分：动物毛材质的刷子可以使用洗发水清洗，纤维质地的刷子和粉扑可以用香皂和洗面奶清洗。清洁后，将工具放在阴凉通风的地方晾干、收起即可。

化妆包经常一不小心就成了清洁的死角，每个月都应该检查一下化妆包中是否有污垢或不慎粘上的化妆品，以便及时清理。不要忘记工具的清洁也是呵护皮肤的重要组成部分！

皮肤老化的原因是自由基过多以及胶原蛋白流失。我们常说的抗氧化其实就是减少自由基产生，或者在一定程度上降低自由基对细胞的损伤，阻止皱纹、松弛、凹陷、斑点等老化现象的产生。

但要清楚一点：抗氧化只能延迟衰老出现的时间，对于已经形成的皱纹是无法祛除的。虽然抗氧化对于皮肤没有立竿见影的效果，但随着年龄增长，谁的抗氧化做得不到位，都会慢慢写在脸上。所以，22岁之后，越早开始抗氧化，就越能有效延缓衰老的到来。

目前普遍应用的核心抗氧化剂主要是维生素C。维生素C是经科学证明，可以同时作用于表皮层、真表皮连接层、真皮层这三层皮肤的活性成分，有不少抗氧化产品都将维生素C作为主要成分。但是维生素C具有刺激性，浓度越高刺激性越大，如果皮肤处于敏感期的话，建议还是不要使用。

此外，一定要注意防晒！因为紫外线除了是造成自由基加速产生的原因之外，抗氧化剂通常都具有光敏性，所以一定要做好防晒。

请在符合自己情况的项目前打"√"，然后清点"√"的数量，在测试题的最后找到属于你的补水指数。

热衷于选择清爽型的护肤品；

☐　洗完澡后很少使用身体乳；

☐　即使是干燥季节，房间内也不使用加湿器；

☐　敷面膜时间超过 15 分钟；

☐　每月蒸桑拿和泡澡至少 4 次；

☐　每天洗脸超过 3 次；

☐　只有在手部和唇部干燥时，才会补涂护手霜和润唇膏；

☐　夏季为了降温，经常使用喷雾；

☐　对于霍霍巴油、半乳糖、丙二醇、乳酸钠、辛基十二醇、杏仁油等保湿化妆的成分完全不了解；

☐ 夏季皮肤容易出油，认为涂抹保湿面霜后会
更油腻；

☐ 为了补水，每天会敷 1 ~ 3 片保湿面膜；

☐ 眼睛下方有明显的细纹出现；

☐ 即使化妆步骤正确，依然会有很严重的浮粉
现象；

☐ 用手轻按皮肤，发现皮肤缺乏弹性且很薄；

☐ 走出空调房后，皮肤有轻微撕裂感；

☐ 洗脸后，脸部皮肤异常紧绷、干燥；

☐ 经常出现 T 区布满油光，两颊却异常干燥的
情况；

☐ 每天饮水量少于 1500 毫升（大概 5 杯水）。

补水指数自查

0～3个"√"　"补水达人"

补水指数：★★★★★

从这个测试来看，你获得"补水达人"的称号是当之无愧的。不过严格来讲，皮肤的补水和保湿工作要同时进行，只补水不锁水，皮肤还是会干燥暗黄。人体70%以上是由水分构成的，水对于人体的重要性可想而知，皮肤衰老的罪魁祸首之一便是缺水。首先，恭喜你的补水力没有问题。其次，针对以上不足的地方应有所注意。

4～8个"√"　"轻度缺水人群"

补水指数：★★★☆☆

从现在开始，你要认识到补水的重要性，因为很有可能你将沦落为重度缺水患者，此时你的皮肤可能看起来泛黄、缺乏光泽、粗糙且不容易上妆。这些问题都是由缺水造成的。先改掉你打"√"那一行的坏习惯，再对自己的皮肤做一周左右时间的观察，会发现皮肤的弹性和水润度都会有比较明显的提升。

9个"√"以上　"重度缺水患者"

补水指数：★☆☆☆☆

很明显，补水是你护肤程序的软肋，一半以上的问题和症状你都发生了，说明补水的意义你还没有真正了解。像我在前面的文章中也曾反复提到，保湿＝补水＋锁水，比如皮肤干了，很多女生习惯往脸上喷矿泉喷雾。这就好像夏天天气比较热，你往家里的地板上洒水，看上去是在进行补水保湿，但高温下喷在脸上的水分非常容易蒸发，还会带走皮肤上更多的水分。同样，嘴唇干燥时很多人喜欢用舌头润湿，但最后发现越润越干。这其实是一个道理，润唇膏是带有油脂的，它可以将水分锁住，这也是为什么要给干燥的嘴唇涂抹润唇膏而不是用舌头润湿。对于皮肤，也一定要认识到面霜的重要性，也就是重视锁水。保湿是我们最终想要达成的目的，补水只是其中一个环节，应该将补充的水分牢牢地锁在皮肤里。

如果你的皮肤经常处于缺水的状态，建议你去购买一些补水的护肤品。选择补水护肤品时，要先学会看哪些成分对补水保湿有调节作用。本书中也会讲到，你可以重点关注补水的章节。

不仅面部需要补水，我们身上的每一块皮肤都需要水分，甚至是你的身体内部也同样需要充足的水分。每天应保持 2200 毫升以上的饮水量，看到这里，还不赶快去给自己补充点水分？

请在符合自己情况的项目前打"√"，然后清点"√"的数量，在测试题的最后，得出你的皮肤出现敏感的可能性有多高。

☐ 皮肤发痒时，不自觉地用手抓挠；

☐ 皮肤出现起皮现象时，用手将皮屑抠掉或撕下；

☐ 经常无意识地用手触碰面部皮肤；

☐ 头发扫过面部的时候，觉得皮肤发痒；

☐ 经常用比较热的水洗脸；

☐ 洗脸后会用冷水冲洗面部；

☐ 每周使用洁面仪或清洁面膜超过 3 次；

☐ 喜欢用清洁力强的洁面产品；

☐ 不注重皮肤补水；

☐ 每天都会敷面膜；

☐ 喜欢用去角质类型的产品；

☐ 经常用天然蔬果自制护肤品，认为"无添加"
对敏感肌更安全；

☐ 会使用超过一周没有清洗的化妆工具化妆；

☐ 化妆刷扫过的地方偶尔会觉得瘙痒；

☐ 一有压力或紧张时，脸颊就容易潮红、发痒；

☐ 喜欢洗热水澡和蒸桑拿；

☐ 洗浴之后不马上涂抹润肤霜；

☐ 喜欢穿紧身的衣服；

☐ 有些衣服的面料会让皮肤发痒；

☐ 乐于尝试化妆品的各种新品试用装；

☐ 一年四季都用同一类型的护肤品。

致敏行为自检

0～4个"√"　致敏指数：★☆☆☆☆

你对自己的皮肤应该相当爱惜，知道对于皮肤来说，哪些行为是不好的，并能克制自己，能做到这一点真是相当不错。要是能将打了"√"的这几个问题改掉，相信你会拥有更加健康的皮肤。

5～8个"√"　致敏指数★★★☆☆

皮肤敏感时总会引起其他的皮肤问题（比如干燥脱屑、红肿刺痒、起痘痘等），皮肤变得不漂亮，心情也就跟着急躁起来，总想快速解决问题。但这时候的一些做法，反而会给皮肤造成更严重的刺激，使敏感的状况加剧。即便你现在的皮肤看起来很健康，那么恭喜你，应该属于皮肤耐受力天生比较好的中性皮肤。但我必须提醒你的是，肤质并不是永远不会改变的，一些错误的生活习惯会让皮肤一点点变得敏感。

8个"√"及以上　致敏指数：★★★★★

不管是出于日常生活习惯，还是因为皮肤总是出现问题而导致"病急乱投医"，皮肤越来越难以好转的敏感问题，或许就是你打"√"的这些行为造成的。所以，如果你"√"的数量已经超过8个，说明你真的需要好好学习皮肤护理知识了。重新建立正确的护肤意识，改正那些不当的生活习惯，才能让皮肤慢慢恢复健康。相信通过阅读这本书，你会获得保护皮肤的正确方法。

当然，皮肤的恢复需要一个过程，不要总想着立竿见影，两三天看不到皮肤好转，就马上更

换另外一种护肤方案。相信我，这样下去只会加

剧你的皮肤敏感状况！

Chapter

II

第二章

精致女孩的身体护理清单

如果只注重脸上的妆容是否精致
而在穿凉鞋的时候露出干燥皲裂的脚踝
再优雅也显得蹩脚
要知道
越是不容易被人注意到的细节里
越藏着一个人对待生活、对待自己的态度

不只眼周的皮肤会出现皱纹、松弛等老化问题，眼睛本身也会因为年龄及各种各样的损伤而老化。就像婴儿的眼睛都是黑白分明、清澈明亮的，而上了年纪的人黑眼珠和眼白的界限变得越来越模糊、眼白浑浊，这些都是眼球老化的现象。

相比过去，现在眼球老化的问题正在提前到来。除了紫外线的损伤之外，对于数码产品的使用和依赖让眼睛几乎没有休息时间。上班盯着电脑一整天，下班回家即便正敷着面膜，也会刷一刷手机、打一局游戏或者看一集电视剧，皮肤和身体虽然得到了休憩，眼睛却依然保持着高强度的工作状态。眼睛疲劳导致的干涩，以及长期以来光线刺激眼球造成的损伤，都是眼睛老化的重要诱因。

很多人日常习惯戴隐形眼镜，这往往会加重

眼睛疲劳的状况，透氧性不佳的镜片会让角膜长时间处于缺氧状态，进而加重眼睛干燥的程度；镜片对眼球的摩擦和隐形眼镜的卫生问题，会造成眼睛充血、感染、发炎等问题。以上这些都会导致眼睛的老化，结果就是视力下降、黑眼珠变小、眼球浑浊不再清澈。

就像我们为了对抗皮肤老化而做的各种努力一样，对于眼睛的青春保养也不容忽视。在工作间歇，可以多向远方眺望，多看绿色的植物，这都是缓解眼睛压力的好方法；使用与眼泪成分接近的润眼液，或者增加眨眼次数，让眼睛自然分泌泪液保持眼球湿润；保持有氧运动，多吃一些具有抗氧化作用的食物也能够让眼睛保持年轻态。

湿度增加不仅对皮肤有好处，还能增加眼睛的舒适度。夜间使用眼霜之后可以做一做眼保健操，不仅能够促进眼部血液循环、缓解疲劳，还可以促进眼霜更好吸收。上床之后不要看手机，虽然这么说可能显得有些老生常谈，但这对眼睛和睡眠的确都没什么好处。但毕竟想要什么样的眼睛和皮肤都由你自己决定，如果睡觉前的确还需要看电子产品的话，建议开着灯，避免屏幕亮度与周围环境相差太大，刺激眼睛。

看看你的眼睛是否已经出现了老化症状：

- ☐ 黑眼珠变小
- ☐ 瞳孔与眼白的界限变得模糊
- ☐ 眼睛容易充血
- ☐ 眼白变黄
- ☐ 眼白上面出现斑点
- ☐ 看近处的物体对焦困难

☐　眼睛经常干燥而且怕光

☐　经常觉得眼睛发痒，喜欢揉眼睛

　　如果出现以上状况，说明眼睛已经出现老化现象。平时一定要注意眼睛的抗老化管理，才不会让迷人的眼睛失去神采。

即便眼睛没有近视，还是有很多人因为爱美而选择戴彩色的隐形眼镜。经常使用电子产品会让眼睛常常处于干涩状态，而隐形眼镜选择不当和佩戴错误，会加重眼睛的干燥状况，导致眼睛受损老化。想要一双清澈明亮的眼睛，长期戴隐形眼镜的人要注意以下几点：

1. 一定要选择透氧性好的镜片。如果你长时间戴隐形眼镜后，感觉镜片和眼球黏在一起，说明镜片的透氧性不好，它会令你的眼睛干涩。透氧性好的镜片可以避免角膜因为缺氧而出现受损现象。

2. 眼睛感到干涩时，不可以直接将护理液滴入眼睛，这不仅无法达到润眼的效果，还会对眼睛造成损伤。要使用专业的润眼液滋润眼睛。

3. 摘掉隐形眼镜后，仅仅使用护理液浸泡是没办法达到清洁眼镜的效果的。镜片表面附着的沉积物，必须直接用手揉搓才能清洁干净，后续再浸泡杀菌才有意义。

4. 在选择隐形眼镜护理液的时候，不要一味追求杀菌效果，温和、无刺激对于眼睛来说是非常重要的，要选择温和与功能平衡的护理液产品。最好购买小包装，因为开瓶之后，细菌就会争相"挤入"护理液，所以护理液越快用完越好，一旦开封，绝对不要超过4个月。

5. 不是每天都要戴隐形眼镜的人，建议选择日抛型的。日抛型隐形眼镜戴完一天后摘下直接丢掉就好，非常方便卫生，而且这类隐形眼镜的透氧性通常都比较好，对眼睛损伤较小。

我必须要说明一点，双下巴一旦产生，是无法通过日常的保养品和按摩手法去除的，除非借助医美。这些年来一再被问到有关"用什么产品能够去除双下巴"的问题，我不断解答，但又不断地出现新的问问题的人。大家普遍认为，在问题出现之后就一定有解决的办法，但有些问题只能预防，一旦出现几乎是不可逆的，恼人的双下巴就是其中之一。

双下巴有几种不同的成因：肥胖、皮肤松弛、下颌先天短小后缩，不同成因造成的双下巴的恢复方式也不同。

唯一能够解决下颌先天短小后缩这种问题的方法就是医美，选择正规医美机构，请医生诊断并制定改善方案。肥胖造成的双下巴，想要靠那些所谓"只瘦双下巴"的运动来解决，几乎是不可能的。人体的脂肪和肌肉不能直接转化，除非通过减肥，降低全身的体脂含量才会有一定效果。

但是，由于皮肤弹性下降、脂肪层松垂，导致松弛的皮肤堆积在下巴的位置而形成的双下巴，是不可逆转的。就像皮肤的衰老是不可逆转的生理过程一样，我们能做的，只是尽可能延缓它的到来。做好皮肤的抗衰工作，让皮肤紧致、有弹性，才不会形成双下巴。良好的姿势也很重要，长期低头看手机或是使用过高的枕头，导致下巴下方的皮肤反复挤压，因牵扯、折叠而变得松弛，继而产生颈纹甚至是双下巴。日常要注意自己的姿态，不要枕过高的枕头。一定要提早预防，才能让下巴保持清晰、紧致的漂亮曲线。

你会随时关注脸上的出油情况，有没有老废角质、有没有松弛的皱纹，精心保养皮肤哪怕一天都不敢放松，但你平时有没有关注过头皮的状况呢？

头皮不像我们的面部皮肤一样，每天都可以观察到变化。因为被浓密的头发所覆盖，如果长期不护理头皮，问题便会积少成多，仅仅清洁是不够的。头皮必须要得到与面部皮肤同等的呵护，千万别忘了，头皮也是皮肤！要知道，健康的头皮就像肥沃的土壤一样，能养出强韧柔顺的秀发。

头发干燥说明头皮无法供给足够的营养，头皮生态平衡遭到破坏就会产生头皮屑，比如常见的微生物马拉色菌，就是引起头皮屑的元凶。皮脂腺分泌旺盛，头皮毛囊被油脂长时间堵塞，便会引起脱发，细菌微生物繁殖还会感染引起痤疮，导致皮肤出现炎症，产生瘙痒敏感。

更可怕的是，头皮比面部皮肤老化的速度要快 6 倍，老化松弛的皮肤便会"滑"到脸上，导致整个面部的皮肤都跟着坠下来，怎么可能不显老态？

要保持头皮健康清爽，仅仅是每天勤勤恳恳地洗头是不够的，头皮跟脸上的皮肤一样需要护理。清洁是第一步，可以购买专门清洁头皮的产品，每周进行一次头皮清洁，改善头皮出油状况，让头皮保持清爽。第二步，每次清洁时再加上按摩，既能促进头部血液循环，改善头皮油脂分泌情况，又可以让皮肤保持健康、紧实，提升面部轮廓。

女孩子们喜欢各种颜色的口红，每季的流行色号都要果断入手，可是如果唇部不够滋润饱满，再怎么流行的颜色也画不出性感诱人的唇妆。每当我看到女孩子们脸上的妆画得漂漂亮亮，但是嘴唇上却满是翘起的干皮、深陷的纹路时，真是替她们着急。

皮肤的老化跟年龄之间已经没有必然的联系了，即便刚刚 20 岁出头，如果长期忽略唇部保养，也会让嘴唇变得干燥，产生又多又深的唇纹，显得比实际年龄老。所以，在你热衷于购买口红的时候，把购买唇部护理产品的预算也加进来吧！

女生日常都习惯于在包包里放一支润唇膏，但如果唇部已经出现干燥起皮的问题，并不适合使用这种油脂类的唇膏。因为过于厚重的油脂会密闭唇部，反而会加重起皮现象，所以我不建议在化唇妆之前使用过多的油脂润唇膏。如果唇部已经产生皮屑，切记不要用手撕扯，这个时候可以用棉签蘸取化妆水，来回轻轻擦拭唇部将皮屑带走，然后选择流动性比较好的唇油或者是护肤油来滋润唇部，这样能够很好地修复唇部的皮肤问题。润唇膏可以在唇部皮肤本身比较光滑时使用，作为日常的基础护理产品。

晚上做完皮肤保养之后，可以用毛巾或化妆棉热敷唇部，等角质软化后再轻轻擦拭。去除角质之后使用唇部精华液或是唇膜，都能够达到很好的养护效果。

我发现牙齿与颜值之间有着密切的关联，之前合作过的不少艺人都进行过牙齿矫正，这不仅让他们在面对镜头时能够更加自信地展示笑容，而且连下颌的轮廓也变得更加漂亮了，颜值、气质双双提升！

牙齿矫正对于面部骨骼的改变和作用之大其实不难理解，牙科医生可以对排列不整齐，过于前突或后置、错落重叠的牙齿进行外部干预，引导牙齿回到正常、合适的位置。在牙齿正畸变化的过程中，面部的骨骼位置同时也在发生细微的改变和移动。矫正完成，牙齿全部回归合适位置，变得整齐，下颌部分的轮廓也因此而发生变化。对于"地包天"、上唇过于凸起等问题，通过矫正牙齿是可以起到改善作用的。在我看来，这算是一种作用于骨骼，但是安全性非常高的面部整形了。

成年之后，如果不愿意使用丑丑的金属矫正器，可以选择舒适度高的隐形牙套。透明的塑料材质在日常戴时完全不会引人注意，用餐和清洁牙齿的时候也可以随意取下，非常方便。但是隐形牙套完全是按照自己的牙齿进行定制的，所以要找专业的牙科医生。

要记得一件事，牙齿矫正之后的效果并不是永久的。我学生时代的一位同学，曾经戴了很长时间的金属矫正器，刚刚摘掉牙套的时候效果很好，多年以后，我发现她的牙齿又变得参差不齐了。不良的口腔习惯和矫正之后疏于对牙齿的维护，都有可能会导致反弹，只有按要求戴牙齿保持器进行维护，才能获得最佳效果。

社交过程中，一个明媚的笑容能够大大增加自己在对方心目中的好感度，一口洁白的牙齿必然是笑容的加分项。

日常一些不注意的生活习惯，可能都是造成牙黄的元凶，比如爱好咖喱、可乐、咖啡这类容易导致牙齿变黄的食物，食用之后又没有及时清洁口腔；不正确的刷牙方法；四环素一类药物导致的内源性牙黄等，这些原因导致的牙齿发黄仅仅靠日常刷牙，是很难达到效果的。

就像日常去美容院做 SPA 一样，去专业的牙科诊所美白牙齿，也应该作为日常美容的一部分。

保持 1 年洗 1 次牙的频率，彻底清除食物残渣造成的大牙石以及附着于牙面上的色泽。如果是内源性牙黄，也就是牙齿本身颜色发黄，可以在牙科诊所进行冷光美白处理，通常可以维持

2～3年。现在，洗牙以及冷光美白的仪器也已经出现了各种家用版本，基本上用做一次冷光的费用就可以将它们配备齐全。为了自己的笑容，这笔投入可是相当值得的。

另外一种美白牙齿的方式是进行美白贴片，也就是在真正的牙齿表面贴一层洁白的瓷片，效果非常不错，能够维持的时间比冷光更久。但是，无论哪一种牙齿美白的方法，都要靠正确护理来维持效果。少吃色素含量高的食品很重要，这些食物含有的色素附着在牙齿表面，通过漱口是无法清理干净的。如果你热爱这些食物，唯一的方法就是吃过之后立即刷牙。

别以为只要脸看起来年轻就行，脖子上的皱纹对女生来说真的相当不友好。就像明星的脸保养得再好，大家还是会拿她脖子上的颈纹来说事，并把它当作"青春已逝"的证据。

虽然说随着年纪的增长，皮肤渐渐松弛会出现颈纹，但刚刚二十几岁的女生就有颈纹的已经大有人在了。不仅仅不美观，颈部皮肤松弛会直接影响到面部轮廓，所以为颈部减龄，开始得越早越好。

年轻人产生颈纹主要是因为长期使用电脑，造成脖颈肌肉僵硬，淋巴循环受阻，从而加速皮肤老化。下班回家，可以先用热毛巾为疲倦的颈部热敷，或者在洗澡的时候，保持喷头距离颈部10厘米左右，借助水流的压力按摩颈部，再使用颈部滋养霜或者按摩霜进行按摩，帮助淋巴疏通排毒，滋养颈部皮肤，改善皮肤弹力，恢复紧致。每周的面膜日，可以加一项颈膜保养，这样既能拥有美美的颈部，也不需要增加额外的保养时间。

另外，早晨在涂保养品时，记得带一下脖子、耳后以及颈部后方，即便是一个不经意的保养动作，也能起到滋润的效果。

脸可以通过各种保养手段让它显得年轻，但手却会暴露你的年龄。

我们做任何事情都要依赖双手，使其容易堆积角质，手心变得肥厚粗糙，指关节的纹路加深、暗沉。明明看起来是二十多岁的年轻脸庞，手却粗糙又满是纹路怎么行？

手部保养一定要列在身体护理的清单当中，被称为"女人第二张脸"的双手，颜值也要时刻在线才行。可以按照以下几点进行手部保养：

1. 如非必要，尽量使用清水洗手，因为皂类、洗手液等产品在清洁手部的时候，会将手上的油脂一起带走。缺少了油脂的滋润，手部皮肤便容易变得干燥、粗糙。另外，手部湿水之后，要立即擦干，水分蒸发的时候会一并带走皮肤中的水分，进一步导致干燥。

2. 在洗碗、打扫卫生、洗衣服不得不接触清洗剂的时候，一定要戴乳胶手套。

3. 多准备几支护手霜吧！除了摆在洗手池旁边，在床头还有包包里也要装备护手霜，以便随时补涂。

4. 每周进行 1 次手部去角质护理：取适量手部专用的去角质霜，在掌心、手背、指关节打圈按摩，去除老废角质，手部皮肤柔软才能更好地吸收保养品。

5. 紫外线会使皮肤加速老化，出现皱纹和色斑等问题。很多人在遇到阳光暴晒的时候都会用手遮挡面部，但没有任何保护的手部皮肤却成了被紫外线伤害最严重的部分，所以手背上也要涂抹防晒霜。

很多人会投入大把的金钱和时间去美容院享受面部 SPA，但一抬手就暴露了暗沉粗糙的肘部。真正精致的女孩不会只顾"面子"，被大多数人忽略的细节，才是重点护理对象。

由于经常地弯曲摩擦，关节部分的皮肤角质肥厚，因此通常比较暗沉、粗糙。想要少女般细腻的关节皮肤，需要在日常把关节部位的护理重视起来。

去角质是一定要做的工作。每周 1 ~ 2 次，用身体磨砂膏打圈按摩肘关节和膝关节，带走老废角质。在去除角质之后一定要加强关节部位的补水滋润，选择滋润度高的身体乳涂抹手肘和膝盖，适当按摩以加强吸收，可以保持关节皮肤的细嫩。

夏天买了一双出街吸睛指数100%的高跟鞋，却不小心暴露了干燥的脚踝和泛白的足跟，步伐再怎么优雅也难免显得尴尬。要知道，越是不容易被人注意到的细节，越藏着一个人对待生活、对待自己的态度。

足部支撑着我们身体全部的重量，但足部皮肤却是全身分泌油脂最少的地方。缺少油分的滋润保护，喜欢穿漂亮的凉鞋又不注重保养，足部皮肤常常因受到更多压力和损伤而变得粗糙。但其实只要有意识地进行养护，足部也可以拥有细腻光滑的皮肤。

最基础的保养还是去角质。去角质不仅能让足部皮肤细嫩，更重要的是，堆积的角质加上汗液，容易让足部滋生细菌、产生异味，所以避免积聚角质也可以让足部更加健康。去角质之后使用足膜或是保湿滋润类的乳霜涂抹足部，厚涂一层再穿上棉袜睡觉，可以加强滋润效果。平时每天清洁之后也要及时涂抹滋润的乳霜。橄榄油也是不错的选择，它具有很好的保湿抗衰功效，可以多进行按摩，让皮肤充分软化吸收。

如果是冬季，厚厚的鞋子里容易积聚湿气，所以尽可能不要连续穿同一双鞋子，一定要将其放在通风处干燥，或者在鞋子里放一些可以吸走湿气的面纸、活性炭或干燥剂。保证足部的健康，注意护理，才能拥有光滑细嫩的足部皮肤。

　　夏天想要穿露背装秀出漂亮的背部线条，但是粉刺却让你丧失展现自己的勇气。背部上半部分的肩胛骨之间，是皮脂分泌旺盛的部位，想要干净细腻的背部，要注意对这个部位的护理。

　　清洁和保湿是应对皮脂旺盛的两大对策。不要因为油腻而省略了涂抹身体乳这个步骤，否则皮肤可能会由于过度干燥启动自我保护机制，分泌更多油脂而加重痘痘的滋生。因此，在使用清洁产品清洗背部之后，应及时涂抹具有保湿效果的身体乳。另外，在洗澡的时候，可以利用喷头的水压对背部进行按摩，促进血液循环。

剃毛刀是最常用的剃毛工具，它的价格便宜、操作方便。相比脱毛蜡纸、化学脱毛膏等，它对皮肤的刺激较小，是令人非常放心的选择。但是，剃毛刀使用不当也会造成皮肤损伤。如果你发现经常剃毛的腋下发黑，说明毛囊因为反复受到刺激，已出现黑色素增加、沉积的现象。手臂、小腿部位若是在剃毛后泛红、刺痛，多半是在剃毛过程中，角质层被刀片剃除受损导致的。所以习惯使用剃毛刀剃毛的人，一定要用正确的方法，降低对皮肤的刺激。

尽量选择多枚刀片的剃毛刀，刀片的数量越多，越能够一次性将皮肤表面的汗毛剃除干净，无须在一个皮肤区域多次剃毛，这样可以尽量减少剃刀对角质层的破坏。不要为了方便就将剃刀放在潮湿的浴室，生锈变钝的刀片需要反复滑动才能将汗毛剃除干净，这不仅会带走过多角质、令皮肤受损，生锈的刀片还易让受损的皮肤出现红肿、发炎等问题。使用过的剃毛刀要马上晾干，收纳在干燥的地方，使用过 3 ～ 4 次后应更换新的。

剃毛之前可以洗一个短时间的淋浴，或者用热毛巾湿敷需要剃毛区域的皮肤，再使用专用的剃毛膏软化毛发和角质，有利于减少刀片对皮肤的损伤。剃毛之后要及时补水保湿，帮助皮肤修复受损的角质层。

对于越来越多的家用脱毛仪，首先要知道，它们并不能达到永久脱毛的效果，只是让毛囊暂时失去活性，慢慢使毛发减少。但相比每隔一两天就要剃毛的产品来说，的确是不错的选择。但是不同品牌的家用脱毛仪所采用的技术不同，在购买之前要对产品进行充分的了解，再结合自身情况选购才更加安全。

沐浴是一种很好的休憩方式，冬天带走一身寒气，夏天快速帮皮肤摆脱黏腻，冲走一天的疲惫与压力。决定沐浴质量的除了产品，水温也至关重要。

不要使用过烫的水。的确，温度稍高的水在沐浴的时候会感觉很舒服，但这种对温度的贪恋对于皮肤却不是一件好事。人体的皮脂腺并不是均匀分布的，面部和头部最为集中，所以经常能感到面部和头部要比身体更爱出油，而身上的皮脂腺分布较少，尤其是小腿和足部。油脂在我们的身体上起到屏障的作用，用来防止水分蒸发，使皮肤保持滋润的状态，但使用温度过高的水沐浴会破坏身体表面本就不多的油脂，导致水分流失，令身上的皮肤变得干燥。如果沐浴之后你的身体保湿工作做得不够完善，长此以往皮肤的干燥程度会逐渐加剧，皮脂腺分布最少的小腿和手臂可能会出现皮脂缺乏症。你可以摸摸自己的小腿和脚踝，是不是觉得异常干燥，甚至在涂抹过身体乳之后仍然有一些毛躁的触感？如果有，就需要检查一下自己沐浴时的水温是不是过高了。

最佳的沐浴温度是略高于体温 3 ~ 4℃，这样的水温对皮肤的刺激性小，冬季的水温可以略高于夏季，但也不要超过 40℃。另外，沐浴时间最好控制在 15 分钟以内，以免长时间冲洗皮肤使更多油脂流失。如果想要延长沐浴时间，那么水温也要适当降低才行。

应在浴室里涂抹完保湿的身体乳再出来，为身上的皮肤补充油脂，重塑皮肤的保湿屏障，只有这样才能使皮肤富有润泽。

经过多年来自各方的防晒教育普及工作，大家普遍都具有很强的防晒意识了：一年四季都要防晒，在家也要防晒，3～4个小时补涂一次防晒霜等等。虽然这些理念已深入人心，但是除了面部，其他暴露在阳光下的部位你都照顾到了吗？

对于防晒我从来都不偷懒，墨镜肯定是必备的，用来保护眼睛不被紫外线伤害。眼睛吸收过多的紫外线不仅会导致眼部疾病，也会促进身体的黑色素生成，所以不要忽略眼睛的防晒。

穿防晒衣是对身体防晒的不错选择，可以最大限度地遮住裸露的皮肤。具备一级遮光标准的太阳伞也有很好的防护作用。度假旅行想要一路都美美的，那么请使用防晒喷雾，为全身都打上"防护伞"。耳朵、后颈、脚背这些容易被忽略的地方反而受阳光照射最多，所以千万不要忘记。

在涂抹防晒霜的时候要注意，它并不需要像护肤品一样，用按摩的方式帮助皮肤吸收，相反，涂抹防晒霜时尽量不要按摩，不要忘记它的功能是防护。将防晒霜均匀地覆盖在皮肤表面，才能达到防晒的作用，过度按摩反而容易堵塞毛孔。

对于日常化妆的女生而言，防晒霜令人畏惧的油腻感其实可以通过使用具备相同功效的代替品来解决，比如具有防晒指数的隔离乳或者具备防晒指数的妆前乳。随着美容工业的发展，这些产品的防晒指数不逊于防晒霜，甚至粉底也具备防晒的功能。所以害怕妆容油腻的女生，可以选择防晒指数较高的妆前产品代替防晒霜。

暗沉的唇色和干枯毛躁的发丝，这些防晒中被忽略的细节，可能会直线拉低你的精致指数。尤其到了夏季，或者去紫外线强烈的地方，要选择具有防晒功能的唇部产品。而一顶漂亮的帽子不仅可以为造型加分，也能对头发起到很好的保护作用。

不要笃信口服类的防晒产品。像 Heliocare、Botanical White 这类口服防晒产品，本质上属于营养补充剂，主要成分是具有抗氧化作用的酚波克，以及对皮肤美白、抗氧化有很大作用的维生素 C 等，但它们并不能代替防晒霜，不能将紫外线阻隔在皮肤之外。与其让紫外线被身体吸收，再依赖这类营养剂分解，不如一开始就做好防护。

每个人身上都会散发出属于自己的气味，这种气味是由荷尔蒙分泌产生的。这种几乎无法察觉的味道，对异性有着相当的吸引力。但如果不注意气味的管理，可能会让你产生并不怡人的气味，在社交中造成尴尬。

患有某些疾病的人身体会发出异味，比如说糖尿病，这种情况只有通过治疗，让身体恢复健康才是最有效的办法。在日常生活中，对于气味的管理要注意以下几点。

1. 调节情绪，疏导压力。现代社会的每个人都面临各种考验，有压力是必然的。但你知道吗，在压力刺激下人体分泌出的汗液是最难闻的。因为这类汗液中的水分少，而大量的脂肪和蛋白质成为细菌繁殖的沃土，气味就比运动产生的汗液要难闻得多。

2. 注意清洁。每天沐浴是必不可少的，沐浴不仅能洗去一天的疲惫，更重要的是能洗去汗腺发达部位所产生的汗液。贴身的衣物要选吸汗、透气性比较好的面料，保持身体干爽才能减少细菌滋生，并且要及时换洗。

3. 注意饮食和身体健康。身体的分泌物跟饮食、身体状况直接相关。消化系统出现问题会导致呼吸有异味；大量饮酒会让皮肤和呼吸都产生因酒精分解而来的味道；食用过多肉类、油炸食品也容易让你产生不好的体味。

发现毛孔变大了，可能是由两种原因造成的：一种是皮脂没有清洁干净，长期停留在毛孔中，将毛孔撑大；还有一种是胶原蛋白流失导致皮肤干瘪，毛孔也就变得明显了。

所以说，不要一发现毛孔变粗了，就马上找来各种清洁毛孔的产品用在脸上，结果皮肤变得干燥、敏感、粗糙都还不知道是什么原因造成的。一定要先了解自己毛孔粗大的原因是什么，才能解决问题。

对于因堵塞形成的毛孔，特别是 T 区部分的毛孔，比如说额头、鼻头、鼻翼和下巴，应该定期将毛孔表面氧化、变黑以及凸起的多余皮脂清洁干净。对于因皮肤老化松弛而变得粗大的毛孔，通常在面颊部位，想要解决这种毛孔问题，第一，应该增加真皮层中的胶原蛋白，让皮肤重新恢复弹性，毛孔才会有收缩的效果。第二，养成健康的生活习惯，保持身体的年轻活力，才能尽可能让衰老晚一点到来。

　　众所周知，柠檬含有大量的维生素 C 和柠檬酸。维生素 C 能够抑制活性氧的活动，具有很强的抗氧化作用，防止皮肤衰老。同时，它还能抑制黑色素合成，达到美白皮肤、淡化斑点的效果。很多注重皮肤保养的人将富含维 C 的柠檬当作美白利器，甚至会在餐后直接饮用纯柠檬汁，但是你是否注意了饮用柠檬汁的时间呢？

　　像柠檬这样富含维生素 C 的水果，光敏物质的含量很高，食用之后会提高皮肤的感光度，吸收更多紫外线，促进黑色素形成。如果在白天吃了很多柠檬，经过太阳的照射，皮肤反而会变黑。

　　最佳的柠檬摄入时间是在晚饭后，避开阳光照射，加上夜间皮肤的吸收和修复能力增强，食用柠檬能带来很好的美白效果。跟柠檬类似的要注意食用时间的水果还包括葡萄柚、柑橘、橙子、猕猴桃等，这些都是富含维生素 C 及光敏果酸的食物，同样建议放在晚饭后。当然，如果你是喜欢美黑的人，这些食物可以说是天然的美黑素，适合白天食用。

皮肤敏感的人在选择服装的时候要格外注意面料。羊毛、涤纶、马海毛这几种面料都比较容易刺激皮肤，使之出现发红、瘙痒的状况，严重的可能会导致过敏性皮炎。有些衣服和饰品上面的金属、塑料等装饰物接触敏感肌，也可能导致这样的状况。

除了面料，有些廉价衣物会使用劣质染料，这些劣质染料中的化学药剂也会刺激皮肤，导致接触性过敏。我们应尽量选择品质可靠的服装，深色的衣服在穿之前一定要先将浮色洗掉。

这类容易致使皮肤敏感的衣服一定要避免贴身穿。如果皮肤的敏感度非常高的话，就更要避免穿这一类面料的服装了，否则皮肤会不断受到刺激，反复出现敏感、炎症，不仅难以恢复健康，过敏部位还会出现色素沉积。

健身不仅能够让你拥有强健的体魄，线条清晰的好身材，还能让你充满活力，拥有更强的生命力。

但是，别总是突然心血来潮，就一口气出门跑十几二十千米，或者随便从网上找一个视频教程，动作学个八九分像就先练起来，半个月之后发现没有什么效果，于是果断放弃。并不是100%的汗水都能让身体获得100%的收获，运动的方法错了，效果也会大打折扣。

想要练出马甲线，你要知道如何进行减脂增肌；你要知道脂肪是不会直接转化成肌肉的；你要知道熬夜会阻碍肌肉增长。如果你不了解这些知识，不懂得运用正确的方法，即便每天健身，也是事倍功半。

想要练出一双美腿，就要制定针对腿部塑形

的训练，并不是所有的运动都能让腿部线条变漂亮。一个看似相同的健身动作，只因位置、角度等一些细微的差别，就会分别练到不同的肌肉。用错了训练方法可能会起到相反的效果，腿越练越粗。

如果你自己并不了解正确的训练方法是什么，找一个专家是最有效的解决办法。开始健身之前，尽可能找专业的健身教练，分析自己的身体情况，制定专业的训练和饮食方案。这不仅能够达到最好的效果，而且比盲目过激的运动更加容易坚持并养成习惯。

　　请在符合自己情况的项目前打"√",然后清点"√"的数量,在测试题的最后找到属于你的防晒指数。

☐ 阴天的时候不会涂抹防晒产品;

☐ 讨厌黏腻,所以防晒产品通常只涂薄薄一层;

☐ 涂抹防晒产品后就不会打伞或戴遮阳帽;

☐ 习惯在早晨的时候吃柠檬或西柚、橘子一类的柑橘类水果;

☐ 入夏才开始使用防晒产品,用到夏季结束;

☐ 涂抹防晒霜的时候会进行按摩;

☐ 去年用剩下的防晒产品,今年会接着把它用完;

☐ 出门很少戴墨镜;

☐ 手和脚不会涂抹防晒产品;

- [ ] 在家不会涂抹防晒产品；

- [ ] 周末去楼下超市买牛奶或者倒垃圾一类的短暂外出，不会做防晒；

- [ ] 热衷于美黑；

- [ ] 临出门前的5分钟，才想起来涂抹防晒产品；

- [ ] 烈日当头，也不会带帽子遮住头发或者使用发用防晒喷雾；

- [ ] 用完美白类护肤品后，不会特意进行防晒工作；

- [ ] 夏日去海边，使用的防晒产品跟日常使用的相同，没有特别区分；

- [ ] 不会进行晒后修护；

- [ ] 食用口服防晒产品后，就不再使用防晒霜或遮阳伞；

- [ ] 穿了半透明的防晒服就不涂抹防晒产品。

0 ～ 4 个 "√"　　 "反光板型"

防晒指数：★★★★★

你已经掌握了年轻的秘诀之一，光老化不会成为困扰你的问题，因为阳光照在你身上，多半也会像照在反光板上一样被反射走。以后只要注意打 "√" 的这几个选项，你的防晒功课就可以说是滴水不漏了。保持下去，你的皮肤看上去会比实际年龄年轻 5 ～ 10 岁。

5 ～ 8 个 "√"　　 "遮阳伞型"

防晒指数：★★★☆☆

这种情况就好像虽然在头顶上打了伞，还是会有一部分紫外线通过各种折射方式，照射到伞底的皮肤，你现在的防晒功课就属于这种 "遮阳伞" 类型。虽然有防晒，但并不完善，紫外线还是会趁你疏忽时损伤你的皮肤。头发、手脚、耳后以及最重要的眼睛，都是很容易被忽略的防晒死角，已经具备防晒意识的你需要的是更加注意细节，细致的防晒会让皮肤得到更全面的防护。

8个"√"及以上 "露天天台型"

防晒指数：★☆☆☆☆

看来你并不在意防晒这件事。要知道，紫外线造成的皮肤老化的程度，也就是光老化，要远远超过自然老化的程度。长此以往，光老化造成的斑点、松弛、皱纹等皮肤问题都会提前找上门来，长期暴露在紫外线下的皮肤会比实际年龄看起来大得多！如果你以前并不了解防晒对于皮肤的意义，那么在看过这本书之后，你应该了解在面对衰老这个不可逆的自然规律时，想拥有年轻光滑的皮肤，我们唯一能做的就是延缓它的到来，而防止紫外线带来的光老化，则是必须要做好的功课。

Chapter

III

第三章

生活型格

只有你自己有权利选择你要过什么样的生活
是粗枝大叶的潦草
还是每天安排给自己的小确幸
舒适的睡衣、点燃的香薰蜡烛
视觉和嗅觉双双满足
一天的疲惫也被慢慢治愈了

我在很多场合和课程中都一再重复，化妆是一个非常基础的技能，它的方法其实基本是固定的，差别在于你学会这个技能之后，能不能很好地运用在自己的脸上，画出属于自己的妆容。

我喜欢"定制"这个词，化妆的时候学会审视、了解自己，才能找到适合自己的妆容，这个过程其实就是定制。不懂得审视自己才会一直模仿和追随别人。一味地模仿网上的美妆主播的妆容，自己画不好便嫌弃自己的眼睛小、皮肤黄，都是没有独立的审美观造成的。如果个人的审美观只停留在追随和模仿的阶段，那么永远都会觉得别人的才好。

这个社会对于美的审视一直都在进步，就像过去大家都喜欢大眼睛、双眼皮，但是现在大众又觉得超模那样的单眼皮具有一种特别的味道。

所以，知道自己要什么，建立自己独立的审美观念是很重要的。

审美观的塑造一定是从生活中积累而来的。

多看一些时尚美学的书，多去理解一些色彩关系、五官比例，多看美好的事物……对于美的感知便会潜藏在你的意识中，时时刻刻影响你对一些事物的认知和判断，你对"美"也会越来越敏感。将你的审美情趣体现在妆容、穿着上，你渐渐就能找到属于自己的独特风格。

想要保持身体皮肤的最佳状态，经常审视自己是很有必要的，照镜子除了看穿搭是否得体，发型妆容是否一丝不苟，随时观察自己皮肤的健康状况和身材变化更加重要。皮肤是否光泽透亮富有弹性？是否出现细纹、松弛、暗黄问题？身材有没有因为久坐而含胸驼背？身上的肌肉是不是出现了松弛而需要赶快进行塑形训练？面对镜子接受自己真实的样子，制定正确的护肤方案和身材管理计划，才能保持年轻的状态。所以，在客厅放置一面能照足全身的大镜子吧！这既便于整顿仪容，还能随时审视、矫正自己的体态。镜子本身也是一件美观又实用的装饰品，它不仅能让空间变得大而宽敞，光线的折射还能让屋内显得更加明亮。

包包与主人之间究竟有着怎样的一种关系？包包中的物品能体现主人的方方面面。通过包包里装了些什么，就可以判断出主人的职业、性格、生活状态等。不仅如此，包包里还常常装着主人的"B 计划"，即便在外面出现小小的意外，也能从容应对。

吸油纸、粉饼、口红和香水，是我认为可以应对任何情况的"B 计划"。因为就算是早晨画了精致的妆出门，也可能会出现妆花了的现象。

不管是被太阳暴晒、被电脑辐射还是皮肤本来就爱出油，只要到了一定的时间，再精致的妆容也会变得充满"油腻感"。 用纸质的吸油纸吸走面部多余的油脂，用手指轻轻推开面部褶皱部分结块的粉底，然后使用干粉饼，对鼻翼两侧、下巴、额头中间、眉骨上方等容易出油的 T 区补妆，最后向两颊延伸，瞬间就能让妆容恢复干净清爽的状态。

在整个妆容上，能够瞬间改变气质的部分，除了眉形，另一个就是口红了。明媚艳丽的唇色能够体现热情、张扬的气质，而涂上淡淡的豆沙粉或奶茶色后，整个人仿佛瞬间沉静了下来，变得优雅而内敛。我们平时在外面，经常会遇到一天要出现在不同场合、表现不同气质的情况，所以在包包里装两支口红吧！一支颜色张扬，比如大红色、深红色一类；一支颜色自然，比如豆沙色、接近唇色的粉色。随时调整气场，对任意场合都能应对自如。

香味是最具辨识度的名片之一，你对味道的选择，代表了你的个性和喜好。从使用的香水，就可以将一个人的性格大致分为浓烈型、清淡型、甜美型、独特型……找到一款代表自己的香气，每一次呼吸都是让别人记住你的好时机。不过我要提醒大家的是，随身携带的香水，最好跟出门前喷在身上的香水是同一款，不然有可能会混合出奇怪的味道。另外，千万不要喷太多，过于浓郁的香味会给周围人带来困扰，保持人们靠近你一米的时候可以闻到淡淡的香味就好。

爱美的女生们对自己的梳妆台总是格外大方，乐于在上面摆满昂贵的护肤品，希望这些瓶瓶罐罐能成为保护皮肤、让皮肤年轻美丽的法宝。但是，千万要记得皮肤的状态不是一成不变的，如果不能按照皮肤真正的需求来选择护肤品，再昂贵的产品也没办法让皮肤变漂亮。

你平时有没有根据自己皮肤的变化，来更换梳妆台上的化妆品呢？

一年中的四个季节，身体都会顺应气候变化做出不同的反应，皮肤作为身体与外界接触面积最大的一个器官，自然也会根据季节的变化来调节自身，以便更好地保护我们。如果皮肤的状态一直在转变，你却常年使用同一款护肤品，皮肤得不到有针对性地呵护，又怎么会变好呢？

请每个月进行皮肤自检吧！仔细观察皮肤的

状况：是否透亮、有光泽；是否泛红发痒等。应根据不同季节皮肤的状态，来制定对应的护肤方案，调换梳妆台上的瓶瓶罐罐。

大体可以遵循以下这些方法：

1. 冬天，皮肤表面会产生更多角质来抵御干燥和寒冷，所以会产生皮肤粗糙、不够柔软的感觉。这个时期要使用油脂含量较高的产品，一方面能够保护皮肤，一方面能够帮皮肤锁住水分。而在冬季转入春季时，皮肤从寒冷切换到温暖的环境，这时皮肤表层的角质开始脱落，同时受到微生物以及花粉的刺激，容易出现敏感问题。所以换季的这一个月时间，要延用冬季的护肤品，让皮肤在油脂的保护下，逐渐适应春季的环境，再将冬季油腻的产品替换成比较轻薄的产品。含有金盏花成分，具有舒缓抗敏功效的产品，都比较适合在春季使用。

2. 虽然女生们都想在夏天展现白皙漂亮的一面，但我还是不建议在夏季到来之前过早进行美白。因为如果皮肤还处在春季的易敏阶段，使用美白淡斑这类功能性产品，可能会加重皮肤敏感受损的现象，而在后续秋季到来的时候变得更加脆弱、敏感甚至干燥。所以在春、夏换季交替的一个月里，要延用春季的护肤品，等到皮肤完全适应夏季的环境而不再敏感时，再使用美白产品进行保养才是更加稳妥的做法。另外，别忘了在美白淡斑产品的旁边摆一支防晒霜，它们永远是固定搭配！任何时候，用完美白淡斑产品，都要涂抹防晒霜，否则非常容易出现返斑的现象。

3. 秋季因为外部环境突然变得干燥，皮肤锁水力骤降，同样会带来敏感的问题。所以在秋季到来之前，可以提前在梳妆台上摆一款比较滋润的精华液，叠加在夏末的护肤程序当中，以滋润的皮肤状态迎接突然干燥的秋季。这样可以降低敏感现象的发生。

4. 至于秋末，可以在冬季到来之前，在梳妆台上增加油脂含量较高的产品。比如保湿面霜或抗衰老产品（通常抗老产品的油脂含量都比较高），提前开始使用，为皮肤补充足够的油脂来锁住水分，使皮肤柔软，尽量避免皮肤在冬季出现干燥紧绷的问题。

方形脸应怎样修容？圆形脸应怎样修容？怎么化妆能让脸看起来更小？也许是看了太多化妆教程，见证了太多化妆变脸的"奇迹"，大家坚信修容可以改变脸型，如果做不到，只是自己还没有掌握它的要领，所以才会不断询问这种问题吧？

我必须强调，化妆对于脸型的改变是有限的，仅仅能起到修饰作用。相比而言，发型对脸型和气质的改变都要更明显一些。若有若无的空气刘海可以弥补长脸的缺陷，又能带来减龄的甜美感；侧分大波浪能够调节面部的长宽比例；具有漂亮弧度的流线型中长发能够修饰方形脸的棱角，增添柔和感。一款适合自己的发型，不仅能修饰脸型的不足，还能凸显个人的风格和气质。

头发不像衣服，一套衣服如果搭配得不好看，重新换一套就可以了，但是，如果在探索的过程中剪了一个不适合的发型，往往要等好一段时间才有挽救的机会。所以，在寻找适合发型的过程中，一个好榜样可以帮我们少走不少弯路。可以找一个脸型与自己相近的明星作为参考，来逐渐调整发型，以及确立穿衣风格。

找到一个好看并且适合自己的发型就固定下来。或许你发现有两三款发型自己留起来都很好看，但"适合"指的是它能同时符合你的气质、职场形象以及你打理这个发型的能力。一头侧分的大波浪的确魅力十足、气场非凡，但如果忙碌的工作让你没有时间打理养护，头发毛躁的样子也只会给造型减分。所以，好看和便于日常打理，这两样同等重要。

夏天皮肤油脂分泌旺盛，头皮更是油腻的重灾区。即便每天都洗头，第二天早晨顶着烈日从车站走到公司的短短距离，就已经让人觉得头皮瘙痒难忍，要拉响油腻警报了。

事实上，头皮跟你的皮肤一样，清洁不当不仅无法消除油腻感，反而会让头皮越洗越油，发丝越洗越干。我们要拒绝使用含有硅油、色素、强效表面活性剂等化学成分的洗发水，长期使用易对头皮产生刺激。天天洗头，应更关注头发内在的营养。可以选择含有纯天然植物萃取成分的洗发产品，如迷迭香，不仅能深层净化头皮、有效抑制头屑，还能促进血液循环，刺激毛发再生，改善脱发现象，是天然的生发剂。

定期使用专用的头皮清洁产品。在洗发前用专业头皮清洁产品按摩发根，可以达到深层清洁和消炎镇静的作用，帮助舒缓头皮压力。之后再用洗发水清洁，会感觉十分清爽。

对头发过度的滋养也会增加油腻感，我建议用蕴含多重营养成分的护发油代替护发素，能够带给秀发长效滋润。等头发半干时，取 2 ~ 3 滴均匀涂抹在头发及干燥的发梢上，无须清洗，只要再吹干头发即可。使用护发油能帮助改善我们的各种头发问题，如发丝干枯分叉、没有弹性、烫染后受损等，令头发柔顺恢复弹力。如果发质非常干燥，需要使用护发素、发膜滋养发丝。一定要注意一点，除非是产品标注"可以使用于头皮"，否则使用护肤素、发膜时一定要避开头皮，以免加重头皮的油腻。护理时将这些产品集中涂抹在发梢部分即可。

白天经过大半天的脑力劳动，还没下班头发

就已经油得一塌糊涂，令人烦闷。如果这个时候要拜访客户，或收到约会邀请，能够使头发迅速恢复干爽蓬松的物品绝对是发型的应急救星。尤其是夏天时，我们可以在包包里准备一瓶免洗香波，它能够瞬间吸附头发上的油脂和异味，特有的蓬松成分还可以让头发恢复蓬松状态。使用时摇晃瓶身，在距离头发15厘米左右的位置均匀喷洒再稍整理，发型就可以恢复如初了。

　　有人因为背负工作压力而失眠，躺在床上大脑总是忍不住思考第二天的待办事项，而且越想越清醒；也有很大一部分人主动选择晚睡，打一局游戏、刷一集美剧、看看朋友圈……因为有趣的事情太多，哪一件都不想错过，总是觉得时间不够用，所以只能不断挤压睡眠时间。但是，我们皮肤细胞的自我修复主要是在睡眠过程中进行的，睡眠不足会导致皮肤修复迟滞缓慢。所以，想要年轻漂亮的皮肤，充足的睡眠可是非常非常重要的。

　　放下手里的游戏机，停止观看抖音视频吧！与其通过电子屏幕羡慕别人如何享受生活，不如每天给自己安排一个完美的睡眠仪式。通过增加一点小小的仪式感，让身心在紧张的工作后得到真正的放松，睡一个高质量的美容觉。比如将卧室内的床品换成亲肤舒适的真丝材质，在香薰机里加入少量的薰衣草精油，或者在枕套上喷一些具有薰衣草成分的助眠喷雾，都可以帮助我们舒缓神经，安眠一整晚。小酌一杯红酒也是放松的好方法，红酒具有抗氧化的美容功效，助眠又美容。但是不要贪杯，过量饮酒容易使人进入浅睡眠，反而影响睡眠质量，饮用200毫升以内就好。

如果还是难以入睡，告诉你一个快速入睡的绝技：在床头放一本心理学或者哲学类的书吧！由于这类书内容晦涩难懂，睡前阅读时大脑很容易疲劳犯困，非常容易进入睡眠状态。

除了衣服和空气，生活中与我们皮肤接触最频繁的就是床上用品了。床品的质地和舒适度不仅会影响睡眠质量，还影响皮肤的健康。

纯棉和真丝是床品中非常亲肤的两种材质，纯棉布料柔软，吸水性好，所以能够吸汗，而且对皮肤没有任何刺激。真丝的床品同样具有柔软和吸水性好的特点，同时更加亲肤。但真丝比较娇贵，要注意养护。不过，每天回家之后钻进真丝的被子里舒服地呼一口气，也算得上是对自己辛苦一天的犒劳吧！

除了材质，床品的清洁是绝对不能忽视的！睡眠过程中产生的汗液被床品吸收，加上皮肤代谢下来的皮质和房间内的灰尘，很容易滋生螨虫。螨虫长期与皮肤接触，就会诱发过敏、黑头或是反复起痘的问题。想要皮肤漂亮，每天与皮肤接触时间如此之多的寝具，当然要保持洁净。因此，我通常每周都会更换床单、被套这种比较大件的床品，至于与皮肤接触最频繁的枕头，只要有时间，我会每天更换枕套，比较忙的话则隔天更换。

枕芯的清洁非常容易被忽视，所以也成为床品卫生的重灾区。长期使用的枕芯吸收了很多汗液，是螨虫与细菌肥沃的滋生地，每个星期一定要晾晒一次才行。

　　富有仪式感的东西总能为疲惫的生活增加一些小确幸，当回到家换上舒服的睡衣，点燃香薰蜡烛时，熟悉的气味便让人感到安定放松。香薰美好的外形和怡人的香气让我们的视觉和嗅觉都能得到满足，一天的疲惫和烦闷也慢慢被清除了。

　　为家里挑选适合的香薰蜡烛要考虑两个因素：房间的大小和用途。

　　房间的大小会影响香味的浓度。房间比较小的话，点燃一支香薰蜡烛就足够了，等香味充满整个房间，在你自己喜爱的浓度时熄灭蜡烛。可以记录下燃烧的时长，之后点香薰蜡烛时保持这个时长就够了。如果房间面积比较大，可以延长燃烧时间，让房间充满香味。

　　除了 Jo Malone 这类主打香型简单，可以按照个人喜好同时点燃几种不同味道的香薰之外，大部分香薰蜡烛并不适合在较小的空间里同时点燃，香味太多反而有可能混合出奇怪的味道。另外，过于浓郁的香味无法起到舒缓身心的作用，只会让人觉得刺鼻。

当然，如果有多个房间，可以根据房间的用途，为它赋予不同的香气。香薰蜡烛中具有天然植物精油，它可以通过嗅觉进入身体和大脑中枢系统，缓解压力和紧张感，所以卧室的床头可以选择带有薰衣草香调或者玫瑰香调的香氛。这样除了能够营造温柔甜蜜的氛围，还可以起到安神助眠的作用。书房最适合檀木一类的木质香调或是皮革香，气味更沉静、更中性。香氛与按摩精油两用的香薰蜡烛很适合放在浴室里，这种蜡烛的熔点只有30℃，蜡油融化成液体之后可以直接涂抹在皮肤上做按摩精油，对干燥的皮肤有很好的滋养功效，沐浴之后按摩最适合不过。客厅中的气味可以根据自己的喜好选择，但对我来说，客厅还是接待朋友的开放空间，所以除了味道之外，造型具有艺术感，能够起到装饰作用的蜡烛也是选择的重要条件。

不适合使用香氛的地方是厨房和餐厅。用餐是一个嗅觉、味觉、视觉、触觉的综合体验，但香氛会掩盖食物的香气。吃早餐时，面包和咖啡的香气能带来的满足感，是任何香薰都代替不了的。

美好的东西也一定要用得精致，使用香薰蜡烛可以遵循以下这些准则：

1. 不同尺寸的蜡烛第一次燃烧的时长有所不同，新的蜡烛刚刚买回家后，要先仔细查看是否说明了首次使用的燃烧时长。通常是保持 2 个小时以上，要等烛芯一直烧到整个玻璃平面上的蜡烛都融化，均匀地消耗，这样以后才不会在烛芯周围出现凹陷。为了避免第一次长时间燃烧香气过于浓郁，别忘了保持通风。

2. 烛芯需要定期修剪，让它保持在 5 ~ 8 毫米。这个长度可以保持火苗不会烧得过大，也不会出现烛芯偏向一边产生黑烟熏黑玻璃的情况，而且可以延长香薰蜡烛的使用寿命。

3. 不要用嘴吹灭蜡烛，这么做容易产生烟味，而且这样的行为不优雅。可以用牙签等工具将烛芯推进蜡油中熄灭，或者直接将燃烧的烛芯剪掉。有的香薰蜡烛在出售时会带有罩灭烛芯的专用工具，有盖子的香薰蜡烛也可以直接盖上盖子，用阻隔空气的方法熄灭。

虽然衣橱的空间是有限的，但想要的漂亮衣服却是无限的。所以就算衣服多到快要溢出来，女生们也永远觉得缺一件衣服。一味买买买，让衣橱撑到"爆炸"，但结果常常是站在衣柜前半个小时，还是挑不出一套适合当天穿的衣服。要知道，精致女孩的衣橱里，应该装着能体现她审美风格、职业属性和生活方式的衣服。

如果现在要新添一件衣服的话，你会买什么款式的呢？是紧跟潮流趋势，买当季的爆款？是看时尚偶像的推荐？还是早有计划呢？

你必须要了解自己适合什么样的风格，或者说你想要别人认识到你是什么风格。所谓适合自己，最重要的是你穿出去的这件衣服能否让你感到自在，能否让周围的人觉得你很得体。明确这一点之后你会发现，那些单纯觉得款式很特别，因为一时冲动而买下的"压箱底衣服"会大大减少，这样不仅能缓解你每天早晨"没有合适衣服穿"的选择焦虑症，还能为你的荷包省下一笔不小的费用。

想要做到毫不费力地精致得体，衣橱里服装配置的比例非常重要。

建议根据日常所处场合的时间来配置服装在衣橱里的比例。比如：你 60% 的时间都在很正式的工作场合，那么在你的衣橱当中，适宜这个场合的正装比例最好也能保持在 60%，剩下的 40% 可以按比例分配给休闲、聚会、约会等场合。按照这样的方式整理一遍衣橱，你会很清楚地知道，自己哪个类型的服装过剩，而又缺少哪个类型的服装，之后购物时就可以有目标地补充这类衣服，不必盲目追逐一时喜欢或流行爆款。

当然，我说的不追逐流行并不等于拒绝流行。每当新一季的潮流爆款来袭，要区分清楚，哪些是与自己的气质、性格、出席场合相匹配的，在你的衣橱中加入这些元素，会让你既时髦又有气质。而那些会让自己看起来"不伦不类"的潮流元素，请毫不犹豫地拒绝它们。除此之外，请在每天睡觉之前决定好第二天的穿着吧！那不仅能保证精致得体，还会让你拥有不慌不忙的美好早晨。

请在鞋柜旁放一块干净的棉布，脱下鞋子之后可以马上将鞋子打理干净。因为让鞋子保持整洁的意义，与一双好鞋对人的意义同等重要。

鞋子也需要通风，除了凉鞋之外，穿过一天的鞋子要先放在阴凉通风的地方晾一天，再收进鞋柜，否则聚积的潮气没办法及时散去，容易滋生细菌，而且不经通风直接收起会使鞋柜中有异味。尽量不要连续几天穿同一双鞋子，这也可避免让双脚长期处于潮湿的鞋子当中，因为潮气和细菌都非常容易导致足部问题。

注意鞋子底部的磨损状况。相同时间内，走路姿势端正的人，鞋子的磨损程度会比较小，通常只有脚掌和脚跟外侧会有轻度磨损，鞋子也更加耐穿一些。但是，如果鞋跟内侧、外侧磨损非常严重，甚至有不对称的磨损，说明你平时走路的姿态存在比较严重的问题，会有比如驼背、o型腿、X型腿、习惯性屈膝等问题，需要及时进行体态矫正。鞋底磨损比较严重的鞋子要及时修理或丢弃，以免长期穿着加重骨骼关节的负荷。

无论是男生还是女生，似乎只有在独处的时候，才能获得精神的独立和完整。就像《欲望都市》中的专栏作家 Carrie（卡丽），在与她的真爱步入婚姻后，依然保留可以让自己独处的公寓一样。日常的我们，也需要这样一个可以丢开伪饰，任由自己放肆的空间。

比如书架旁舒适的单人沙发，摆着一小张咖啡桌的卧室飘窗，或是精心打理过的阳台，都可以列为专属的自留地。没有外界打扰，不用顾忌另一个人的喜好，完全遵循自己的想法，看书、听音乐、做保养，选自己爱的电影和食物，或者什么都不做，只是简单地发发呆与自己对话。这种只有独处时才能拥有的自由和享受，一定是生活里不可或缺的部分。

就像我们到达一个陌生的地方，诸多不适应会导致身体水土不服一样，旅行的过程中，皮肤也容易出现水土不服的现象。皮肤的毛孔变粗，痘痘或是敏感现象频发，这些问题都会因为当地气候以及饮食习惯的变化而纷纷到访，所以，每次出门前，我都会根据所到之处的天气和环境，提早做好旅行护肤计划。

比如乘坐游轮出行，由于海面太阳辐射强烈，空气升温，湿度加大，皮肤的不适程度远远超过了在沙滩上受骄阳炙烤的程度，所以防晒和修护比较重要。而冰岛的极寒和西藏的干燥，都容易带来干燥缺水、敏感和紫外线损伤等皮肤问题，所以镇静、补水和修复，才是此时护肤的重点。

我的行李箱里一定会准备一款含有洋甘菊、金盏花、山茶花等舒缓抗敏成分的保湿喷雾，可以随时喷一喷，帮助镇静皮肤、补充水分，为皮肤建立起保护屏障。

乳液、精华包括面霜都选择只具有单一补水功效的产品，对皮肤才算安全。美白、抗老、抗皱这些功课，都放在旅行结束，皮肤状态健康稳定的时候再做比较好，这样可以避免皮肤在水土不服时，因功能性护理而产生更多不适。

通常我都会避免在阳光直射的环境下停留超过 4 个小时，但如果要进行长时间的户外活动，使用防晒时间较长的防晒产品，对皮肤的保护会更加全面，比如 SPF50+++ 的防晒霜。对于女生来说，可以在出行前准备一瓶雾化较好、不会泛白的防晒喷雾，既能随时补涂防晒，又不必担心弄花妆容。

修复皮肤的工作不要等到旅行回来后才进

行，具有补水修复、镇静皮肤效果的面膜是旅行箱里的必备品。结束一天的行程回到房间后，立即敷上面膜安抚皮肤，帮助皮肤适应环境。另外，旅游中因为生活节奏和饮食的变化，容易出现内分泌失调、身体机能代谢紊乱的情况，可以随身带些果蔬纤维、胶原蛋白等饮品，帮助身体恢复健康状态的同时还能美白养颜。

　　我是一个非常热爱美食的人，当然，也因为贪嘴，健身保持身材就成了我必须进行的一项工作。随着健身时间越来越长，我开始爱上它带给我身体的改变，除了甩掉多余的脂肪，塑造肌肉线条，还有精神上的改变——让我精力充沛。这要感谢我的教练，她非常专业，为我制定的训练、饮食计划总能让我快速达到想要的健身效果。

　　说到健身，就不得不说到像蛋白粉、能量棒、运动型饮料一类的运动补充剂，合理地使用它们能让健身达到事半功倍的效果。我的健身目标是增肌，大部分人都知道，想要增加肌肉需要摄取蛋白质，饮食中牛肉和鸡肉是必不可少的，但是教练在饮食计划之外还给我增加了有助于肌肉修复、合成的乳清蛋白粉和肌酸。乳清蛋白属于高蛋白补充品，比牛肉和鸡肉更容易被人体吸收，脂肪含量也更低；而肌酸是一种氨基酸，可以为身体快速提供能量，促进肌肉力量增强。在训练的过程中配合这两种营养素，能够加快肌肉线条的塑造。

但是并不是任何一种训练都适合使用这两种运动补充剂的。一定要根据自己健身的目标选择适合的补充剂。如果是减肥瘦身这种减脂的健身训练，应配合左旋肉碱或绿茶提取物（也就是茶多酚）这类补充剂，以提高热量消耗，促进代谢和脂肪燃烧。跑步、骑车一类的有氧运动可以配合富含维生素的运动饮料来帮助恢复体力。

运动之后的 30 分钟是摄入这类营养补充剂的最好时机，经过一段时间的运动，身体代谢速度加快，这个时候身体的吸收能力非常好，所以这个时间补充营养补充剂能够发挥最好的效果。

但是在此之前，要先跟你的教练进行沟通，判断目前的运动量是否需要增加运动补充剂。

总之，运动本身才是核心，营养补充剂只是帮助训练任务达到更好的效果。明确目标、合理安排，不仅是健身，生活中的任何事都同样适用。

哪个女生不梦想有一个完美的婚礼？在那天你是聚光灯下唯一的女主角，所有人的目光都集中在你身上，浪漫被放大，幸福被放大，皮肤的问题当然也会被放大……

在人生中最重要的时刻，精致女孩必须要拿出走红毯的心态做功课，才能在当天成为完美无瑕的新娘。

理想的准备时间是 7 天。想要皮肤达到最好的状态，平时的保养是非常重要的。在重要的日子来临之前，我们可以进行连续 7 天的密集保养。当然，补水是最基础、最重要的保养工作，因为在水分充足、皮肤非常细嫩的情况下，妆容才经得起灯光和镜头的考验。

密集保养时可以做 SPA、使用安瓶或者敷补水面膜。

夜间使用补水面膜的话，要将面膜紧贴在面部，挤出气泡，敷 10～15 分钟后，取下面膜，让精华在脸上静置 1 分钟。如果面部有发痒的地方，可以用指腹轻轻拍打，这种发痒通常是由于皮肤在密闭的面膜下产生的敏感造成的。静置 1 分钟后，再将面部残留的精华洗干净，随后进行正常的皮肤保养。

这里我要特别说明两点：

第一，很多人在使用面膜的时候都认为只要面膜纸上面的精华还没干，就要尽可能敷得长一点才好，这其实是一个误区！因为皮肤对保养品的吸收能力是有限的，即便到了 15 分钟，面膜上还有很多精华，皮肤也不会吸收更多营养了。如果敷的时间过长，反而会让皮肤因为在面膜下密闭太久而产生敏感反应。

第二，在使用完面膜之后，一定要将面部残留的精华清洗干净。因为残留的面膜精华不仅不能被皮肤吸收，还会形成隔膜，阻碍皮肤对其他保养品的吸收。

所以说，并不是把全部又贵又好的产品堆在脸上就是好的。只有掌握了方法，了解门道，才能保证日常的每一次保养功课都高质又高效。

在婚礼当天，先敷一片面膜再化妆，可以让妆容更加服帖，避免出现浮粉的现象，在聚光灯下也显得完美精致。

　　对于追求精致的人而言，好品位绝不仅仅体现在光鲜亮丽的外表上，在外人看不到的地方，才藏着真实的生活态度。比如每天摆上餐桌、落到胃里的食物，是一份重油、重口味的外卖，还是你自己下厨精心烹制的美味呢？

　　通常我会在前一天晚上准备好食材，第二天早晨用 10 ~ 15 分钟的时间为自己烹饪早餐，在本该"兵荒马乱"的早晨，悠然享受食物带给身体的满足感。晚上即便 8 点钟才回到家，我也会用 30 分钟为自己准备一份营养均衡的餐食。正是这些对于平常事的讲究，才让生活变得更有质感。

　　无论是出于健身需要，还是皮肤健康的考量，我都会让餐桌上的糖分尽可能减少。菜品中放的酱油、饮料、甜点、面或米，这些含糖量多的食物累积在一起，可能会让我们一天摄入过多的糖分。而糖分摄取过多，除了那让人忧心的肥胖问题，无法完全代谢的糖分还会跟蛋白质结合发生"糖化反应"，糖化后皮肤胶原蛋白的弹力会变差，皮肤就会出现粗糙、暗沉、松弛、衰老的现象。所以控制糖分，是让皮肤保持年轻的重要措施。给自己制定一个低糖菜单吧！尽量选择血糖生成指数较低的食材，比如豆类和粗粮，减少碳水化合物的摄入，多吃蔬菜保持饮食营养均衡，在烹饪时油和调味品的使用不要过量。

失恋的痛苦，工作的低潮，似乎没有什么不能被一块造型别致、甜蜜诱人的甜品抚慰的。慕斯、奶油蛋糕、泡芙、日式和果子……甜品中的糖分会刺激大脑驱使身体分泌更多多巴胺与肾上腺素，使人产生振奋和愉悦的感受。这种甜味能够带给我们的幸福感，可以说是写入基因的远古代码。

虽然我们知道糖会增加体重，让皮肤糖化衰老，但要断绝与甜品的来往仍然相当不易。每当工作压力倍增的时候，还是忍不住在甜品柜台边徘徊，渴望舌尖与甜蜜的缠绵。

以木糖醇为甜味剂制作的甜品，可以平衡大脑嗜甜的本能，符合身体、皮肤对低糖的需求。木糖醇是一种天然的甜味剂，在味道上和白砂糖相差不多，但它热量低又不易被吸收，减肥中的人吃也没有问题。而且木糖醇并不会使血糖升高，皮肤也不会因此产生糖化现象，对于自称"甜食怪"的人们，可以说是鱼与熊掌兼得了。

但任何事都是过犹不及，大量的木糖醇可能会导致腹泻，而且甜品中的小麦粉等其他原料的含糖量依然比较高。所以，对于甜品的适当节制不仅能让皮肤更健康，还能增加每次获得甜食的满足感。

每个人身上散发的味道都是她的隐形名片，在还没开口讲话的时候，你希望给人留下怎样的印象呢？是浪漫的？成熟妩媚的？甜美清新的？还是帅气中性的呢？

香奈儿女士说："女人应该闻起来像女人，而不是像一朵花。"当你走近一个人，发觉闻到的香味跟眼前的本人非常相称时，心里自动会给她更高的魅力分值。所以选一种属于自己的名片香，与自己的品位、性格、着装风格相符，更加能够给人留下难忘的印象。

木香、麝香、广藿香、皮革香都是比较经典的中性香调，具有一种沉稳笃定的成熟气质，而甘甜的花香显得细腻而温润，水果香的清甜与花香不同，更加清新并富有活力。

"隐而不显"是使用香水的基本礼仪。"人过留香"用在这里可不是赞美，如果因为过于浓郁的香水味而造成周围人的困扰，是非常失礼的行为。

皮肤不敏感的人，可以直接将香水喷在脉搏跳动明显的位置，体温有助于香气挥发缭绕。但如果皮肤比较敏感，最好还是让香水均匀地落在衣服上。另外要注意的一点是，部分喷洒了香水的皮肤，容易因为紫外线的照射而起斑，尤其是夏天，尽量不要在裸露的皮肤上直接使用香水。

包包是一种重要的配饰，可反映出主人的品位、风格，它更是随身携带的私人装备库，装着主人的工作、秘密还有梦想。对于都市女性来说，做工精致、品质上乘，兼具实用性和设计感的经典款包包是首选。

品位大于流行，是具有独立审美意识的消费原则。虽然名牌包比较有品质上的保证，而且品牌赋予了我们心理上附加的满足感，但追逐每一季的流行爆款实在是没有必要。流行也意味着容易被淘汰，就算买了很多花哨时髦的款式，最后还是会发现，使用频次最高的，仍是那几个款式经典、经久耐用的包包。

在入手包包的时候，尽量选择能够保值的款式，比如经典款——好搭配又不会过时。一些刚刚崛起的小品牌也可以列入观察范围，如果有独特风格，价格也不像大品牌那么高冷，正好对了你的胃口，也是不错的选择。

另外，可以根据自己的需要，配置几个不同款式的包包，用作不同场合的搭配。需要经常出席正式的商业会晤的人，皮质的公文包款式就非常适合，电脑、文件一个包包统统搞定；通勤包对于日常上下班或是休闲都能应对得游刃有余；链条包虽然容量较小，但很容易搭配，如果在预算范围内也可以将其收入囊中；精致小巧的手拿包容量十分有限，装饰性远远大于实用性，只适合十分正式的酒会用来搭配礼服。

现在的眼镜已经超出了其原本的功能性，变成一种塑造风格的时髦单品了。不同形状的眼镜不仅能对脸型起到些许的调整作用，还能塑造出不一样的风格：圆圆的眼镜能够带来减龄的学生感，曾经的"老干部"眼镜也带着复古风情，从各大秀场席卷到街头巷尾。

但就像漂亮衣服要搭配好鞋子，脸型要搭配合适的发型才好看一样，戴眼镜也要搭配合适的妆容，才能让它成为加分的亮点。

通常大框架的细边眼镜更加精致，也更时髦。虽说化妆技巧都是一样的，但它像排列组合一样，会因为不同的取舍而产生不同的效果。所以我们知道该突出什么、舍弃什么是非常重要的，这就依赖于日常对审美能力的训练了。

戴眼镜的时候，镜框就像是划重点一样将眼

睛框出来，所以那些暗沉、黑眼圈、晕妆的眼线也非常容易被注意到。一定要做好眼睛周围的遮瑕，让眼神看起来更清澈明亮。

戴眼镜时，整个妆容应以淡妆为主，眼影选择一些可以让眼窝显得更加深邃的大地色系。不要画线条过于明显的眼线，眼线线条加上眼镜的镜框，会让妆容看起来太复杂。睫毛线外露、皮肤不爱出油的人，可以在贴近睫毛根部的地方画一条非常自然的眼线。如果眼睛容易出油晕妆，用棕色的粉质眼影来画眼线是一个很好的方法，这样做显得更自然，不晕妆，还具有定妆的效果。

过于浓密的睫毛并不适合戴眼镜，足够的卷翘度和根根分明的效果才会让镜片之后的眼睛大而有神。

如果要评选出一件能够让人一秒变身时尚达人的单品，那一定是墨镜。这件单品可以说是配饰界的三好学生：提升气场、修饰脸型、阻挡紫外线，每一个优点都是人们的心头好。只要选对了款式，即便只是搭配一身平常的 T 恤、牛仔裤，也会自带超模特效。

墨镜的款式非常多，大家也通常不会钟情于一个样式。多入手几个不同的款式，让衣橱的风格多变起来也是很不错的。但是，不要为了追求款式的多变，而去购买廉价的墨镜。

戴墨镜的一个非常重要的目的，是为了减少紫外线对眼睛的损伤，但劣质的镜片只能让亮度变暗，不具备阻挡紫外线的能力。瞳孔在很暗的环境下会自然放大，紫外线却没有被阻挡，这样进入瞳孔的紫外线反而更多。戴这种劣质的太阳镜，很容易造成视力下降或者眼角膜发炎，长期佩戴还会诱发更严重的眼部疾病。

在购买墨镜的时候，最好选择知名品牌的产品，它们的镜片真正具有防紫外线的能力。比如那种看起来像镜面一样的墨镜，它的镜片表面具有金属镀膜，反射紫外线的能力则更强。颜色最好是茶色或者黑色，这样能够阻挡更多紫外线。

至于形状的选择，有一个非常容易理解的原则：相似形状叠加在一起，会起到互相增强的视觉效果。比如说棱角分明的方方脸，戴一款方形镜框的墨镜，整个人只会看起来更方，圆形镜框则可以中和这种棱角感。所以你应该能推理出圆形脸适合戴什么形状的镜框了吧？

首饰的存在，并不是用来穿金戴银彰显富有的，而是用来彰显个人品位甚至性格的。一条项链，一枚戒指，或是一个胸针，不管是线条简洁还是造型夸张，恰到好处地组合搭配，不仅能增添气质，还能为普通的穿搭带来独特的造型感。即便是一件平淡无奇的白衬衫，也能被一对造型别致的耳环装点得妙趣横生。它就像调味品，让日常造型变化出无尽的味道。

到了一定的年纪，首饰这种东西，宁肯不戴也不要戴假货。然而，大牌首饰的价格对于大众来说，绝对算不上亲切。仿制品虽然能从外形上做到以假乱真，但却无法欺瞒你自己。

想要设计感与品质感兼具，又对自己的荷包也相对友好的首饰，可以关注一些小众品牌和独立设计师的作品。他们愿意用比较优质的材质，但并没有过分高昂的品牌溢价，在设计上往往带有独特的个人风格。戴这些首饰不仅是装点自己，也代表着认同某种设计理念和审美情趣。

腕表是男人的第二张名片，因为它象征着身份和品位。而对于女性，腕表已经成为不可或缺的时尚标配。我曾经对身边刚毕业的实习生们讲过一句话："当你步入职场半年后，忍痛也要购置一两件真正的奢侈品，或者是包包，或者是腕表。记得不要选择高仿的A货，因为就算A货仿得再真，你骗得了全天下的人，却骗不了自己。这是你从内心开始精致的第一步。"那么如何选择适合自己的腕表呢？

第一、根据肤色选择腕表。你要知道我们的肤色分为冷色调、暖色调、中性色调。首先你要辨别出自己属于哪一种肤色。

方法一：在自然光下，将白纸放在脸旁，对着镜子观察。如果你的皮肤与白纸对比呈黄色，那么你就属于暖色调。如果你的皮肤与白纸对比呈现粉红色或青红色，那么你就是冷色调。如果很难判别，那么你就是中性色调。

方法二：根据以往在太阳下暴晒的经历做判断。如果皮肤特别容易晒黑，你有很大概率是暖色调的肤色；如果你在太阳下暴晒，皮肤泛红，容易被晒伤，那么你就是冷色调的肤色。

在选择腕表或者其他首饰的时候，暖色调的肤色戴金色配饰会更好看，而冷色调的肤色戴银色或者白色配饰会更好看。

第二、根据身材选择腕表。如果你的手腕属于比较纤细的，最好戴方形或圆形坤表，这样看上去会比实际更丰满。如果你的手腕属于粗壮型的，一定要戴长方形或者椭圆形坤表。另外，在颜色的选择上，也要避免会起到视觉膨胀效果的色系，比如黄色或者红色。身材高挑的女生，可以试着戴大表盘，身材娇小的则可以戴更加女性化的小表盘。

第三、根据场景选择腕表。如果是去旅游或者野餐，可以选择一块大表盘深色系的腕表。如果是出席重大场合，则建议戴方形或者圆形的腕表。平时在职场中，可以配合服装的颜色，选择一些经典简约的腕表款式。如果是和男朋友约会，就可以戴一款手镯款腕表，设计上可以带有一些不规则的图案，从而起到减龄且提升气质的效果。

另外，假如你是一个起床困难户或者时间概念比较差的人，我的建议是将随身戴的腕表时间调快15分钟，你会发现，生活变得没有那么匆忙了。

一说到贴假睫毛，大多数人会本能地想到那种浓密又十分卷翘，像扇子一样支在眼皮上的假睫毛。能够与之匹配的妆容大概就只有欧美的性感浓妆，和日系二次元的洋娃娃妆了，哪一种都让人避之不及。

假睫毛之所以会给人们留下"浓妆""不自然"的刻板印象，大概是因为大家能从这两种夸张的妆容中，明显分辨出睫毛的真假。其实，自然的假睫毛可是很多以"素颜美人"著称的女明星们的爱用之物。

如果你想要一整天都不会晕妆的眼线和睫毛，假睫毛是非常不错的选择，能够让眼妆变得更加清爽、持久。使用比自己睫毛略长 2 毫米的假睫毛看起来最自然，即使近距离接触也不容易被察觉。假睫毛根部的黑色细线可以代替眼线，化妆技巧娴熟的人可以使用黑色的睫毛胶水，干透之后会形成亚光的效果。如果贴假睫毛还没有达到驾轻就熟的程度，选择透明胶水就不会带来不必要的麻烦，比如出现黑色胶水蹭到眼皮上弄脏眼妆的问题。之后用防水的眼线液笔将睫毛根部的空隙填满，即便是最容易晕妆的内双和肿眼泡，也不会出现"熊猫眼"的状况。

假睫毛紧挨眼睛粘贴在睫毛根部，胶水的安全性非常重要，建议单独购买品质可靠的睫毛胶水。购买假睫毛时送的胶水通常品质低劣，粘贴是否牢固暂且不提，其中含有的强挥发性成分刺激性非常大，长期使用可能会引起过敏等现象。

请在符合自己情况的项目前打"√"，然后清点"√"的数量，在测试题的最后找到属于你的宅力指数。

☐　周末在家，根本离不开床，除非逼不得已才下床；

☐　旅行对你意味着换个床看剧、吃零食，标注下地点发朋友圈；

☐　习惯用文字回复信息，电话沟通时，容易紧张到声音颤抖；

☐　在家比出门还要开心；

☐　社交性聚餐取消后，会长舒一口气；

☐　平均沉默时间保持在 30 分钟以上；

☐　会为外出做非常充分的准备，包括心理准备；

☐　可以连续看动漫或玩游戏超过 3 个小时；

- [ ] 经常说的一句话：这么快天就黑了；

- [ ] 和外卖小哥成为很好的朋友；

- [ ] 会把居住的小屋装扮得异常精致；

- [ ] 至少有一只养了 3 年以上的猫咪或狗狗；

- [ ] 患有较严重的手机依赖症，平均每日把玩手机时长超过 8 个小时；

- [ ] 有轻微的人群恐惧症，逛商场时总感觉别人的眼睛在注视着自己；

- [ ] 购物的速度非常快，平均决策时间在 10 分钟以内；

- [ ] 始终坚持不出门是最省钱又安全的生活方式；

- [ ] 身材偏胖，平均体重在 50 千克以上；

- [ ] 完全接受虚拟人物演唱的音乐；

- [ ] 喜欢收藏手办或者其他钟爱的小物件；

☐ 醒着的时间平均在上午 10:30 到第二天凌晨
　　1:00;

☐ 只要能兼职，尽量不上班。

你到底有多宅?

0 ~ 4 个 "√"　"伪宅"

宅力指数: ★ ★ ★ ☆ ☆

据我判定，你极有可能是"懒"，所以我暂且
把你归类为"伪宅"人群。如果你想扭转当前的局面，
建议你多学一下时间管理的知识，给自己设定一些
奖励机制，比如完成某一些任务，就给自己买一张
去瑞士的机票等。人人都会犯懒，第一种情况是还
没有遇到燃眉之急的事儿；第二种情况是完成事情
后给自己的诱惑不够。你可以从这两个方面入手，
对抗"懒癌"。

5 ~ 10个"√"　"中级宅"

宅力指数：★★★★☆

作为"中级宅"人群的一分子，我更想提醒你的是宅并没有错，但要有意识地管理自己的身材和饮食作息习惯，可以保持当前的一些个人兴趣（如爱好收藏和看动漫），但是在作息、手机依赖方面要有意识地克服。

11个"√"及以上　"骨灰宅"

宅力指数：★★★★★

首先恭喜你，在防晒上做到了几乎100分，毕竟你被晒到的概率很小，但是这并不意味着你会拥有比较好的皮肤质感，你有可能会因为不化妆而省去了护肤保养的步骤，加上长期处于封闭的房间内，空气质量是非常差的，你的皮肤很有可能会发生敏感现象。夏天的空调、冬天的暖气，都会让空气变得格外干燥，即使宅在家，也要保持正常的护肤保养。

作为"骨灰宅"的一分子，我更想提醒你的是：人脱离了社交是非常危险的。脱离了人群面对面的社交圈子，人会被所处的虚拟空间影响，逐渐变得不切实际。我希望你可以先慢慢地习惯用语音和朋友沟通，然后每天给自己一个小挑战，比如今天出门见到隔壁邻居，可以主动去攀谈几句。与周围的邻居保持一个良好的社交行为，其实这是保护自己的一种方式，尤其是女生，一旦有意外情况出现，你经常联系的朋友、你每天遇到的邻居，都有可能成为助你脱险的对象。

如果你有一项超级技能，完全可以在家工作，我也会建议你，一年中至少有半年处于办公环境下工作，你可以经常去商务型的咖啡厅工作，也可以选择一份时间安排比较随意的公司，或者可以保持每月参加 4 次以上的兴趣或专业沙龙，及时洞察行业的发展趋势，然后去链接更多的资源和信息，进步会让你走出自己的小圈子。

Chapter

IV

第四章

工作星人

这个星球的人
大脑运转飞速，每天斗志昂扬
但要学会
正确地休息和给自己适当的奖励
补足能量再冲向战场

现在的女生们都很会打扮自己，在各种时尚杂志、讯息的熏陶下，想要穿得漂亮是一件很容易的事。每个女生都有自己的风格跟心得，自然无须我多嘴，但是有些着装的潜规则却不是好看就能满足的。在社交与工作中，除了语言和工作能力，衣着也是自我表达的重要部分，遵守一些心照不宣的着装规则会让你显得更加得体。乱穿衣很可能会给人留下不好的印象，有时候得罪人都不知道。

如果是陪领导一起出去见客户，着装要正式，但是绝对不能比你的领导高调。有一次，我和一个护肤品品牌的负责人第一次见面沟通合作事宜，我的经纪人错将对方着装强势张扬的助理当成负责人首先问好，即便这样尴尬的小插曲没有影响到谈话，但在场的人不免在心里默默地给那位助理贴上"不得体"的标签。

虽然有句话说"像什么才能是什么"，但如果能力还停留在助理的职位，着装风格却已经塑造成总监的气质，会让周围的人都觉得不自在。职位和着装都要一级一级晋升才行，保持在一个接近目标、又不会让现任的上级领导感到不适的范围内，才是高情商的着装表现。

渔网袜、超短裤、破洞裤还有各式各样的卡通T恤……这些单品在休闲时间是时尚和潮流的代名词，但放在职场上就显得不那么礼貌了。正式场合中的着装，一方面是显示自己的职业形象，另一方面也代表对场合的重视程度。这种休闲时尚的穿着，虽然好看却不得体，领导和客户会觉得不被尊重、不被重视，对你的印象也会大打折扣。即使是平时穿着这些被街拍的明星们，在正式场合也都会选择得体、适宜的正装。那些你心爱的潮服，就把它们留给工作以外的休闲时间吧！

如果你的工作跟时尚相关，请务必好好修炼自己的着装情商，在这个圈子，经常要参加大大小小、不同品牌的活动，千万不要出现不小心穿了竞争对手的品牌、过季的款式、品牌前任设计师设计的成品的情况。胡乱搭配，有时真说不好会踩到谁的雷。

　　据统计，星期三已经超过周一，成为一周当中最令人"绝望"的日子。工作压力攀上峰值，情绪跌入低谷，上个周末的快乐已经过去，新的周末却还遥遥无期……每到星期三的早晨，总要经历一番长时间的心理建设才肯起床。被忧郁纠缠，你需要一个"周三元气指南"。

　　也许你会说，在匆忙的早晨，水、乳、妆前乳、粉底、遮瑕……这么多步骤，还没开始化妆，就已经感到头痛了。但是蜡黄的皮肤、泛青的黑眼圈、还没消退的痘印，都会接二连三地影响你的情绪。一个元气感十足的外表，不仅是你对外的精神名片，也是给内心的积极暗示。

　　告诉你一个 3 分钟就能完成的底妆方法，让周三的早晨毫无压力，元气满格。

　　首先，在做完日常的清洁和保养之后，将粉

底和遮瑕这两个步骤巧妙地结合起来：把粉底乳和遮瑕乳以 2：1 的比例，在手背充分混合之后，点涂在面部，接下来只要把美妆蛋充分湿水、拧干，把混合好的粉底遮瑕轻拍服帖就可以了。

这个方法不仅让早晨的化妆变得高效，还能比单一一款粉底达到更好的遮盖效果，不需要单独遮盖黑眼圈或痘印，不到 3 分钟就可以完成干净的底妆。

如果你的皮肤今天有一些干燥，但没有黑眼圈和痘印，仅仅是有些蜡黄的话，就可以把粉底乳和乳液，以 2：1 的比例在手心混合，像使用面霜一样涂在面部就可以了。

最后画一下眉毛，涂上口红，大步流星地出门就可以了。

如果不午休，下午走神就会非常严重。在办公室的白领们，中午如果能得到正确的休息，就可以减轻身体负担，让下午精力充沛。正确的午休方法是：

1. 休息并不单纯地指中午的午睡，工作间歇的休息也十分重要。每工作1个小时，最好都能休息15分钟。

2. 有几件看似在"休息"的事情其实都是在消耗精力：①手上虽然没有在忙但脑子里却一直想着工作上的事；②看电影、看小说或者其他书籍，这些都需要大脑分析情节、人物关系、理解文字内容；③打游戏，游戏通常让人感到紧张，有些游戏甚至要考虑布局，让精神高度紧张。看似休闲，你的大脑却未必比工作时轻松。

3. 休息就是要让大脑停止工作，而让肢体运动起来。出去散步或者在办公室做一些瑜伽动作，能在休息的同时让僵硬的身体也得到舒展。

4. 向远处眺望，挑那些有绿植、草坪等植物茂盛的地方看去。这样不仅放松身体，对眼睛来说也是很好的放松。

5. 午餐后小睡一会儿。午餐往往会摄入很多碳水化合物，它们会使血糖升高，让人犯困。所以，餐后适当散步，然后进行不超过20分钟的小憩，就能恢复精神。一直忍受困意而不午休，或者午休的时间过长，都会让整个下午陷入昏昏沉沉的状态。

6. 喝咖啡对于一部分人来说的确可以起到提神的效果，但仍不比20分钟的小憩来得有效，不过咖啡加小憩却可以让效果翻倍。晚上睡觉前喝咖啡，咖啡因会刺激神经系统，造成失眠，即便睡着了大脑也仍然活跃，导致缩短深度睡眠的时间，影响睡眠质量。但如果在午睡前喝咖啡，身体在睡眠的 15 ~ 20 分钟吸收了咖啡因，咖啡因参与到血液循环当中，午睡醒来之后就会神清气爽、精神抖擞。

7. 中午小憩的时候尽可能不要趴在桌上。找一个不会被空调直接吹到的地方，靠在椅背上休息，还可以准备一个颈枕和一条空调毯，这两件睡眠好物不仅适用于坐飞机时使用，同样适用于办公环境中使用。

加班似乎是现代都市人的工作常态，但即便是要加班，精致的女生们也绝不允许自己敷衍了事。努力工作和细心护肤，只要安排得当就都能有条不紊地进行。

现代人的身体和心理压力都已经非常大了，一定不能让皮肤也遭受更大压力。准备一小瓶卸妆、洁肤、保湿一体的免洗卸妆水，一套日常基础保养品的旅行装和眼霜放在办公室吧！如果忙碌起来需要工作到很晚，可以在公司将带了一整天的彩妆和脸上的油脂卸除干净，减轻皮肤负担。然后进行日常的基础护肤，为皮肤补充水分。过度疲劳会让皮肤干燥缺水，处在加班状态更要及时进行补水保湿。长时间盯着电子屏幕加上熬夜，眼部皮肤的压力倍增，应按时涂抹眼霜，并在按摩时多做几次眼保健操中"轮刮眼眶"的动作，

这样既可以帮助眼霜加倍吸收，也能起到缓解眼

部疲劳的作用。

我的一位朋友为了能够节省早晨的化妆时间，花高价做了半永久的眉毛，虽然已经跟美容师充分沟通确定了眉形，但结果却与预期大相径庭，刀刻似的硬朗线条在她脸上显得格外有违和感。为了安抚她愤怒的情绪，美容院答应免费将文失败的眉毛清洗掉并更换美容师，重新定制文眉方案。好在第二次的效果朋友还算满意，只是整个过程折腾了许久，也遭了不少罪。

半永久的确能在一定程度上为生活带来便捷，但也可能制造更多麻烦。半永久文眉和半永久眼线，原理都是通过在皮肤表层注射色素，色素会停留在表皮一段时间，以代替眉粉和眼线笔。美容师就是用这种方式，为你画一条很长一段时间都不会褪色的眉毛或者眼线。因此，它不仅要求美容师具有非常专业的技能，还必须要具备较高的化妆技巧甚至审美能力。

虽然半永久理论上只是在表皮注射色素，几个月过后就会随着代谢慢慢消失，但在操作中，美容师很难做到绝对精准地只注射到表皮，因此可能很长时间都不会消退。如果像我的朋友一样不喜欢做出来的眉形，可以通过激光的方式将它清洗掉，或者化妆的时候先用遮瑕膏将颜色遮掉，再重新画一条眉毛。

我的建议是，如果想要做半永久，首先，要找具有资质的专业美容机构，美容师的技能以及使用色素的安全性都要有保障，避免廉价劣质色素导致皮肤出现肿胀或排异现象。其次，前期要与美容师充分沟通，找到适合的眉形，确保最后能够达到预期的效果。

　　长途飞行对于身心的煎熬与飞行经验无关。狭小的空间、干燥的空气、数小时甚至十几小时的飞行时间，加起来绝对是件折磨人的事。因为工作的关系，我不得不频繁出差，通过一些方式，让自己尽可能舒适地度过飞行时间，才能在走出舱门时依然保持最佳状态，更好地面对接下来的工作和挑战。

　　U型颈枕、拖鞋、眼罩、保湿喷雾，这四件东西可以说是我在令人崩溃的长途飞行中的精神寄托。机舱内的空气异常干燥，要处在这样的环境中数十个小时，皮肤干燥和出油的情况都会加剧，一瓶保湿喷雾可解皮肤之渴。

　　长时间保持一个坐姿，腿部血液循环不畅，小腿容易水肿，准备一双一次性的棉质拖鞋可以让一路更舒适一些。并且，拖鞋的作用不仅仅是放松腿脚，换上之后犹如"坐在自己家客厅沙发上"，心情也会更惬意。

充足的睡眠无论在哪里都十分重要，飞行中想要像在家中大床上那样酣然入睡不大现实，但U型颈枕和眼罩却可以让我们在有限的条件中尽可能舒适安眠。

除了这四件基本装备，女生们需要准备得更充分一些。

容量在100毫升以内的卸妆水、洁面产品一定要有。带妆飞行十几个小时对皮肤可不是一件好事，如果不想素颜登机，就准备好方便使用的卸妆产品，在入睡前将面部的彩妆清洗干净。卸妆、洁肤、爽肤于一体的卸妆水是最佳选择，相比卸妆油，水质的卸妆产品令皮肤更容易保持舒缓、清润，且容易清洗。

关于在飞机上敷面膜这件事，从我专业的角度讲，在干燥的机舱里能敷一张补水面膜，对皮肤当然大有益处，但这大概需要相当强大的心理，才能做到旁若无人、乐在其中吧！但日常的保养品小样装当然必不可少的，我建议额外增加一支补水保湿精华，少量多次地涂抹几次，充分补水，保持皮肤细软。如果想要更好的补水效果，又不希望太过引人注目，请携带一瓶补水睡眠面膜吧，这样的睡眠面膜真是又低调又好用！

我把青色的黑眼圈称为"加班黑眼圈"。睡眠不足和压力过大会导致血液循环不畅，血管中代谢废物积累过多，造成眼部色素沉积，而下眼睑的皮肤薄，会透出静脉血的颜色，因而在眼底下方呈现出青色。随着年龄的增长，面部的皮下脂肪会变薄，透过皮肤的青色就会愈加明显。

如果只在熬夜之后才出现黑眼圈，或者黑眼圈刚出现不久，只要调整作息保证充足的睡眠，并配合眼霜进行按摩改善血液循环，就可以逐渐恢复，算是黑眼圈中比较容易解决的一种。

色素沉积类型的黑眼圈是无法通过睡眠消退的。如果你睡得很好依然有黑眼圈，在皮肤上呈现咖啡色的话，那就是属于这种类型了。它的形成原因主要是未卸除干净的彩妆残余微粒渗透到眼皮内，以及紫外线和化妆、卸妆过程中对眼周皮肤的摩擦刺激而造成的色素沉积。

　　美白类型的护肤品对于色素沉淀有一定改善作用，可以在眼周的护理中加入具有美白功效的产品。做好眼周的防晒，除了避免因紫外线造成的眼部色素沉积、老化之外，还可以确保用在眼周的美白产品不会因为紫外线而产生返斑的问题。选择一款眼部专用防晒产品，轻轻点在皮肤上后将其均匀推开就可以了。

　　出席任何品牌活动或是商务酒会，都免不了与陌生人打交道，而身体语言会先于所有沟通交流。一些无意识的行为和动作，会暴露你的个性，是强势独断、热情开朗还是沉默闭塞……身体语言可以说是悬在我们头顶上的名片。

　　笑容是最具感染力的表情，真诚爽朗的笑容可以给人留下良好的第一印象，而笑容的幅度会给人完全不同的感受：露出牙齿的笑容易给人热情开朗的感觉，极富感染力；笑不露齿则会给人含蓄、内敛、有距离的感觉。所以，请对你见到的人奉上一个露齿的真诚笑容，以缩短彼此心理上的距离。当你收起笑容时，千万不要恢复到面无表情的状态，否则会让你之前的笑容看起来很像是假笑，保持浅浅的笑容会让你看起来自信且富有亲和力。

接下来的握手动作，是所有场合中都通用的致意礼节，是一切社交的开始。从握手这个身体语言当中，可以读出一个人的性格、情绪、意向等诸多信息。举止自在、尺度得当的握手，可以传递出"你在社交场上游刃有余"这样的信息。过于殷勤的握手，或是在别人向你伸出手时，才慌忙将右手腾出，都会被眼光老辣的人贴上"小白"的标签，慌乱的表现也会令自己信心受挫。

想在握手这个环节中表现自如要注意以下几个要点：在社交场合，老手通常会用左手拿包包、餐食或酒杯，右手随时准备好。与人握手时的力度不同、手掌相握的程度不同都会传达出不同的意味。如果是虎口相对，整只手掌握在一起，有可能两人本身相熟、彼此信任，比如合作伙伴之间的握手。但如果陌生人之间这样握手，会被认为非常自信、开放、热情，沟通欲望强烈。

男女握手的礼仪通常是由女性先伸手，男性才可以相迎握手，并且只轻握指尖部位表示尊重就可以了。但是在现在的商务社交场合中，女性同样承担着非常重要的角色，握手的礼仪基本以平等、友好为前提。这时，尺度得当的握手方式是，虎口对着对方食指连接手掌的关节处，握住对方全部手指。这样的方式既得体又大方。当别人向你伸出手时，如果只是短暂地握住指尖，会给人态度冷淡的感觉，也就很难进一步进行交流。

其实所谓的社交恐惧症，说到底还是因为担心跟陌生人相处会尴尬，怕被拒绝而没有面子，怕自己实际上没什么吸引力。如果不想在社交场合像个慌张的新手，可以学着使用身体语言，来释放自己想要交流的善意，那会让你表现得更加从容。

请在符合自己情况的项目前打"√",然后清点"√"的数量,在测试题的最后找到属于你的独立指数。

☐ 非常在意别人对你的评价;

☐ 如果有人说你的一件衣服不好看,你就会将这件衣服"雪藏";

☐ 讨厌冲突,会为了避免冲突选择妥协;

☐ 要做出人生的重大决定时,总是犹豫不决,要不断征求其他人的意见;

☐ 工作和生活都没有明确方向,常常凭喜好做事;

☐ 频繁换工作;

☐ 无法忍受一个人去餐厅用餐,会觉得浑身不自在;

- [ ] 即便心里十分不愿，还是会接受家人安排的工作；
- [ ] 无法忍受他人的指责；
- [ ] 面对陌生人感到格外紧张；
- [ ] 面对问题摇摆不定，无法坚定自己的观点和立场；
- [ ] 会议上，当自己的观点与大多数人不符的时候，会选择沉默或从众；
- [ ] 从没有独立推进完成一件事或一个项目；
- [ ] 没有可以支撑生活的独立收入；
- [ ] 没有为自己进行过财务规划；
- [ ] 自信心几乎都来自外界的赞美；
- [ ] 会不自觉地跟别人比较；
- [ ] 觉得自己很需要别人的指导和照顾。

0～4个"√"　"独立领袖型"

独立指数：★★★★★

你应该是一个自我觉察力非常高的人，有很强烈的自主意识。相比满足他人的愿望和期待，你会更加关注自己内心的愿望，能够在反对声中力排众议，坚持自己的观点。面对新的处境，你具备更强的探索欲望，甚至能够引导他人的观念，更容易成为意见领袖。相信人格、精神、财务的独立，已经让你获得了更大程度上的自由。

5～8个"√"　"独立铠甲型"

独立指数：★★★☆☆

我相信你在努力成为一个独立的人，但面对外界的诸多压力，仍然会迷茫、脆弱，会有想要退缩的时刻，会希望得到更多的包容和帮助，就像坚硬的铠甲之下，仍然有一颗柔弱的心，而我也相信，大部分人都处于这样的状态。我们必须清楚，要独立并不代表要做一个独行侠，脆弱的时候接受他人的帮助，在别人脆弱的时候也应帮助他人；既能够坚持自己的观点，也愿意接纳新观点和新角度，让自己的视角更多元。你已经做得相当不错，但还是可以问问自己，那些打""√""选项的背后，你究竟在惧怕些什么？

8个"√"及以上 "彼得·潘型"

·独立指数：★☆☆☆☆

孩童时期对于成年之后的人生总是抱有很多美好的想象，但现实的成人社会却是由责任、压力、倾轧构成的。当现实与想象相去甚远，很多人选择用"拒绝长大成人"的方式，来回避成为一个真正的成年人。就像不肯长大的彼得·潘一样，希望享受永恒的童年和自由，也希望他人能够给予自己孩童般的照顾与包容；或者像一个希望达到父母期待的孩子一样，时时调整自己的行为、观念，以满足周围人对自己的期待。

或许在你的内心深处，真的希望能够永远生活在象牙塔里，但是这座泡沫垒砌的塔如此脆弱，甚至连微小的风雨也无法承受。与其躲在这样虚幻的"保护"中，不如主动选择成长，接受来自外界的考验，勇敢地坚持自己的观点，练就保护自己的铠甲。你会发现外面的生活除了压力和挫折，还有充盈内心的成就感与无限种可能。如果你想拥有成年人的自由，那就先成为一个强大而独立的人吧！

Chapter

V

第五章

情感达人

爱情体检的过程更像是彼此重新了解的过程
人体细胞的更新周期为 120 ~ 200 天
每 6 ~ 7 年就要全部更换成新的细胞
也就意味着，7 年前你所爱上的那个人早已成了另外一个人
难道不值得重新认识一下吗？

我们应该经常会听到这样的声音："你看上去那么优秀，为什么还没找到男（女）朋友啊？"

可是对于很多人来讲，单身是一种主动的选择，如果一个人都无法拥有获得快乐的能力，那即使是两个人组合在一起也无济于事。

哪怕一个人，每天早晨睁开眼也要对自己道一声："早上好啊，某某某。"这种心理暗示的仪式感会让我们真正做好迎接新的一天的准备。相比于有伴侣的人，单身的人有大块的时间供自己支配，这是一笔极其珍贵的财富，你可以利用这段时间学习一项中意已久的技能。如果可能的话，这项技能或许会成为你未来的价值增长点。

积极地参与到你喜欢的社交圈里，广结好友，但远离不具有建设性的负能量传播者，永远不在任何场合以玩笑或者其他名义将自己定性为"单身狗"。很多时候，你不是被别人看低的，而是被自己看低的。

相较于"单身"，我反而更希望自己以及身边的人用"独立"来要求自己，一个真正独立的人无所谓是否处于单身的状态，他都能以最细腻的情感和眼睛捕捉到生活中的精彩，而且对自己的举止负全责。我见证过身边很多艺人朋友从单身到独立的演化过程，好像单身久了，就变独立了。其中最重要的一个改变就是敢于对自己的言行负责了，不再是父母或者朋友的附属品。

一个单身的人意味着某种意义上的自由，但也意味着随时需要独自面对一些突如其来的挑战。假如你即将独自度过 30 岁生日，我希望你送给自己一份"大病保险"的礼物，让洒脱建立在健康的基础上。

我在去年的某天晚上发了一条朋友圈，感慨身边的朋友，谈恋爱的谈恋爱，结婚的结婚，生娃的生娃，前几年看上去非常热闹的生活突然安静了下来。时隔一年，再次回想起那天晚上的自己，或许和很多单身的人一样，时刻让自己做好了准备，去迎接那个让自己怦然心动的人，让自己保持一种随时进入恋爱的状态，哪怕是单身上了瘾。

人人都爱谈论恋爱中的美好，却很少提及失恋后的沮丧。每个经历过失恋期的女生，都像重新投了一次胎，有人从小蛮腰变成了游泳圈，有人从黄脸婆重回了美娇娥，有人荒废了学业，有人却拿下了英语 8 级。

谁都失过恋，不要把它当成一件只有自己会经历的事情，你可以暴饮暴食，但你一定要有足够的心理准备面对蛋白质糖化造成的皮肤粗糙、面如枯草的自己。当然，你也可以去选择慢跑，先不必追求速度，慢慢调整好呼吸再逐渐加大步伐。跑步的时候，大脑会屏蔽多余的信息，分泌多巴胺，产生幸福感，从而抑制失恋带来的负面情绪。运动可以帮助我们促进血液循环，将体内的代谢废物及时清理掉。相较于吃猪蹄，运动更能够促进胶原蛋白的生成，让气色更健康、皮肤更富有弹性，同样是发泄情绪，不如选择放肆地运动一下。

运动完回到家，面对冷清的屋子、熟悉的场景，失恋的酸楚不禁又涌上心头，想哭之前，别忘了摘掉隐形眼镜；如果第二天有重要的会面，别忘记哭之前看看冰箱里有没有冰块。带着满身的汗渍哭，一点都不酷，哭花了妆肯定像鬼一样，不如卸了妆、冲个澡、敷个面膜、做个护理，躺在床上，把冰块放在触手可及的桌子上，提醒自己哭完立刻用冰块敷一下眼周，别让自己第二天变成肿眼泡，在同事和客户面前出丑。

当你一切准备就绪，打算痛哭一场的时候，想想自己精心做的面部护理，涂抹的那些水、乳、霜，本来已经这么累了，改天再哭也不迟，也别忘记给自己道一声：晚安。

失恋的你可以尝试多参加开放性的社交活动，例如旅行、逛街。远离封闭性的社交活动，例如冥想、禅修等，打开自己而不是封闭自己，不要介意去寻求专业的心理援助。

可以给自己定一个 3 个月的目标，可以是瘦到自己理想的体重，可以是学会一门外语。根据自己完成的效果，一定要给自己设置一个奖励机制，比如去某个心仪的国家旅游，或去看偶像的演唱会等等。每天记录下自己完成目标的进度，无论最后你是否完成了这个目标，总会获得一份额外的惊喜。通常，人们走出一段恋情的时间是 3 个月，3 个月后，或许你也会重新开始一段新的感情，但一定要确认：自己不是为了逃避前一段失败的恋情而贸然开始。

调查显示，70% 的人表示分手给自己带来了个人成长，58% 的人认为结束一段感情给自己带来了积极情感，认为失恋只给自己带来负面情感的人只有 30%。同样是经历失恋，我希望你是 70% 中的一分子，对于一段过往的感情，要做到不回头、不怀旧、不惋惜。

　　爱情是上天赐予人类的最宝贵的礼物，可不是所有的女生都能有比较好的运气，拥有一份讲究的爱情而不是一个将就的伴侣。尤其是生活在一线城市、朝九晚五的青年人，每天点对点奔波，手机让一大批宅男宅女几乎丧失了社交能力。你在网络上看到的那些看似轻而易举取得的成功，背后有看不见的付出，爱情也是一样，不要把自己的幸福寄托在影视剧里那些貌似浪漫的桥段上，就算是相亲，你也可能会遇到传说中的"Soulmate"（灵魂伴侣），所以首先不要拒绝相亲。

　　我所说的相亲不仅局限于父母、朋友、同事给介绍的相亲对象，你完全可以把相亲看作一场"交友游戏"，有可能对方也是这么想的，就好像升级版的"过家家"。我最近看到有一个交友网站就推出了一个单身男女恋爱试体验的模式，根据男女双方各自填写的性格喜好，速配成一对"为期一周的恋人"，一周结束后，如果彼此都觉得对方就是自己要找的那个人，就可以成为真正的恋人。这其实也是相亲的一种变形。

相亲在某种程度上已经帮你筛去了不符合要求的对象，因为无论是家长还是朋友，都不会把特别不靠谱或者是外形特别不符合你要求的人介绍给你。从概率学上讲，相亲更容易将梦中的白马王子收入囊中。

那在相亲之前和相亲过程中，作为女生应该有哪些基本的配置和潜藏的小心机呢？我所给出的建议只是帮处于天然弱势的你在相亲中增加一些气场。如果遇到心仪的对象，就勇敢地迈出那一步，克服女生容易纠结退缩的弱点。

1．我建议相亲中的妆容比你平时生活中的基本妆精致一点点。可以选择素颜妆，清淡的眼妆让眼睛更有神采，打一点腮红，显得更有气色，最关键的是选一款颜色不那么浓烈的口红。记住，相亲时化妆是为了提升自信和气场，而不是把自己画成耀眼的明星。最后，可以请你身边形象比较得体的朋友推荐一位发型师，在相亲前做一个比较适合自己的发型。

不要为了故意迎合对方的需求，穿一身自己不喜欢的风格的衣服，比如本来你是摇滚少女风，非要装扮成小清新。你要问自己三个问题：第一，你会愿意在恋人身边扮演一个自己不喜欢的角色吗？第二，这种角色扮演你能撑多久？第三，他喜欢的是你，还是那个你扮演出来的人？

所以，为了尊重对方，可以准备得精致一点，但更重要的是坦露真实的自己，不要给对方过高的期待，因为此行的第一目的是寻找恋人，而不是取悦别人或炫耀自己。

如果是你来选择相亲地点的话，应尽量选择自己比较熟悉的偏西餐的场地。

女生的安全感要弱于男生，所以尽量选择在自己熟悉的场地相亲，并可以根据场地，提前备好自己的"战袍"，这样你会有一种主场作战的优势，不会因为怯场而失态。

尽可能选择西餐环境，因为那里往往较为安静。相亲的主要目的是确认双方的三观是否一致，所以更多的是语言上的沟通，西餐环境更有利于完成彼此信息的确认。

再者，西餐的礼仪要相对更多一些，而且都是以"女士优先"为准则，这种情况下就可以看出男生的修养、品位以及饮食的习惯。

女生尽量把话语权交给男生，哪怕是遇到外形条件特别好的。可以提前准备好一些问题，不需要特别宏大的话题，比如你自己比较喜欢音乐，就可以问他："最近关于音乐选秀的节目还挺多的，你比较关注哪一档音乐节目？"也可以了解一下他是怎么看待相亲的。问题越具体越好，通过问题去间接了解对方的三观。

为什么女生比较适合用问题的方式间接了解对方呢？男生相比于女生，逻辑思维能力普遍要高一些，但女生却有一种"能力"叫第六感，我发现女生对事物的判断并不是源自男生最终的确切答案，而是在男生表达的语气、神态、动作等等一切细节里提炼出的结果，其实这就是第六感。有时候男生表现得非常好，外形也比较优秀，但女生就是没有好感，总感觉哪里怪怪的，如果你在相亲结束后出现了同样的感觉，请千万相信自己的直觉，他并不适合你。

永远不要在相亲中让对方承诺多长时间内结婚，或者用长期关系的标准去要求对方，这种举动只会把男生吓跑。所有的关系都应该是递进发展的，提前的承诺只会成为隐形的枷锁，既套牢了自己，又驱赶了对方。

嘴巴长在别人的脸上，而幸福是自己的，你可以用远离的方式躲开别人的逼婚和嘲讽，却没有一种方式能摆脱将就凑合而酿就的不幸。

　　葬礼是最能够体现一个人修养的场合，得体的着装和仪态是对死者最后的尊重，也是对生命的敬畏。我发现一个现状，生活中的大多数人都在忙着庆祝出生，却往往忽视了当一个人去世后，怎样给予他最后的尊重。这是一门必修课，而且是我们急需补习的。

　　我在欧洲参加过一位法国朋友父亲的葬礼，我那位朋友的出身算不上名门望族，但是，去现场的每一个人，言谈举止都非常得体。我们不能指望着逝者家属在邀请函上注明吊唁人的着装要求和现场须知，为此，我会从着装和仪容等方面给大家一些建议。

　　1. 葬礼是严肃的、安静的，所以无论是妆容还是服装都应该以保守为主，不要把自己装扮成现场的焦点。

2. 如果你担心自己流泪会花妆，可以选择防水的睫毛膏。如果葬礼有室外环节，可以戴一副简单的太阳镜。

3. 衣服颜色选择黑色、灰色等暗色调，尽量穿长裤或者过膝的裙子，不要穿高跟鞋或者拖鞋，尽量选择平底鞋或者低跟的皮鞋。在购置衣物的时候，可以考虑给自己购置一套偏保守的女士正装，在出席葬礼当天，可以在胸前戴上一束白色的小花。

4. 葬礼是对死者遗体的告别仪式，所以切记，要把电子设备调至静音。如果没有特殊事宜，不要玩手机。

5. 葬礼当天不要使用味道浓烈的香水和色调夺目的首饰。

6. 随身携带纸巾和些许补充能量的坚果、饼干。

7. 怀着一颗真诚的心去送他最后一程，无论你们之间的关系亲疏与否，这是对生命的尊重。

电影《史密斯夫妇》开篇就是由布拉德·皮特和安吉丽娜·朱莉扮演的夫妇进行爱情体检的画面，正如影片中的皮特所讲："给维持了6年的婚姻做体检，就好像给汽车做年检，检查一下引擎，换换机油，更新一下点火器。"

爱情体检的过程更像是彼此重新了解的过程。人是随着环境而不断改变的，人体细胞的更新周期为120～200天（神经组织细胞除外），每6～7年就要全部更换成新的细胞，这也就意味着，7年前你所爱上的那个人早已成了另外一个人，难道不值得重新认识一下吗？

面对一些情感问题和心理问题，西方国家的人倾向于去求助专业的心理咨询机构，我们则更愿意向身边的朋友倾诉或者秉持着"家丑不可外扬""忍忍就过去了""多晒晒太阳心情总会好"的原则。其实，想要爱情走得长远，仅仅依靠感性是不可能的，尤其是婚姻，它不仅仅是精神共同体，也是利益共同体和事业共同体。就像私家车每年都要进行一些检验，爱情在时间的长河里也会受到磨损，大部分爱情的分崩离析都毁于日积月累的琐碎的矛盾点。最后你所看到的分手前的事件，不过是压垮骆驼的最后一根稻草，是埋藏了很久的冰山终于浮出水面而已。所以请理智地看待爱情，不仅每年给自己的身体安排一次体检，也要给你们的爱情进行一次体检。可以选择去专业的情感咨询机构，也可以双方拿出一个下午的时间，进行一次客观而认真的谈话，就好像你们当初第一次见面，需要确认彼此的三观是否吻合一样。我给你们准备了一份爱情体验目录，当然，它不是灵丹妙药，也不是救命稻草，只是让你在为自己的爱情体检的时候能有更多的视角，使用方法如下：

第一步：将爱情体检手册中的测试题打印两份。

第二步：两人必须拿出整个下午的时间，提前把客厅整理干净，作为测试场景。最好买一束花放在桌子上，两人着正式一点的服装，女生画上精致的妆，将手机等通信工具关掉。庄重的仪式感可以让双方从内心深处更重视这一次爱情体检。如此一来，双方才会慎重思考两人的爱情到底存在哪些问题，这样的爱情体检才有意义。因为重视，才会慎重，因为慎重，才能长久。

第三步：两人同时间各自填写体检目录中的测试题，把它当作是一次严肃的考试，过程中不可随意交谈。

第四步：双方交换爱情体检目录，保持静默半小时，认真去审视对方眼里的这份感情，即使遇到与自己的观点有较大差别的地方，也要克制情绪。

第五步：针对测试题中各自持有不同意见的地方进行讨论，当一方在讲述过程中，另一方不可强势插入自己的观点，整个过程中双方必须了解此次体检的目的是为了找到问题并解决问题，所以绝对不允许有不必要的情绪出现。

第六步：将此次体检过程中暴露的问题落实到纸面上，并给出相应的解决方案，以两人的签字为准。

第七步：爱情体检过程中双方必然会因为某些观念不合，或者说，某些不符合自己脑海中的期待而出现负面情绪。为此，体检活动的最后一个环节必须是惊喜，比如你可以提前订好一家餐厅，准备一瓶香槟或者蛋糕。相信我，此时双方所有的负面情绪都会一扫而光。有一个心理学名词叫作"峰终效应"，它是指我们在评价一个人或者一件事时，并不会对全盘进行考虑，而仅仅是以体验的最高峰以及尾声部分的感受为判断依据，所以一定要有一个开心的结尾，如此一来，双方才能以更积极的态度迎接下一次体检。

☐　1 分到 10 分，你给你们的爱情打多少分？

☐　最近一次被对方感动的瞬间，你还记得吗？

　　（用文字描述下来）

☐　对方怎样的行为会让你特别不开心？

☐　你认为最近一次为对方做的最浪漫的一件事

　　是什么？

☐　如果有一天你发生了车祸，你会愿意失去什

　　么？是你的爱，你的生活，还是你的回忆？

☐　1 分到 10 分，你给你们的性生活打多少分？

☐　你觉得对方最不满意自己哪一点？

☐　你认为接下来哪一个计划可以为你们的爱情

　　保鲜或者将你们的爱情提升一个台阶？

☐　你认为自己和对方相较于最初相恋，最大的

　　一点变化是什么？

☐　分享一个秘密给对方吧。

□　你认为对方会给你们的爱情打几分？

体检的结果并不是最重要的，而是通过这样一个仪式让双方都能够站在对方的立场去重新审视自己的不足，审视这份感情。所以，我在手册里设置了关于情绪亲密、身体亲密和精神亲密的测试题目，与其说是测试对方，不如说是自我检测，检测自己还能否接受对方的缺点，是否还愿意和对方一起憧憬未来，自己是否配得上对方给予的爱。唯有这样，你们的爱情才能进化成"2.0版本"。

Chapter
VI

第六章

十八个习惯指令

照顾自己的身体和情绪

不要停止学习，最好大学一门语言

能够直面批评，也懂得奖励自己

希望你这样评价自己

"我值得被认真对待"

近两年我一直为几个美妆品牌的客户做素人改造服务，我发现，除了给他们美妆、护肤以及穿搭上的建议，更需要扭转的是他们过往20多年的不健康的生活方式。我给自己制定的目标是：看上去要比实际年龄小5～10岁。除了做好皮肤的补水和防晒工作，更重要的是人的气色和精气神的保持，我想要每一天都能精力十足地站在大家面前。

第一个"1"：每天晚上，我都会在床头柜上放一瓶矿泉水，保证第二天早晨醒来伸手就能拿到。每天清晨一杯水是我给自己的第一个要求。我们的身体7个小时没有补充水分，肯定是处于缺水的状态，所以此时补充一大杯水可以激活自己的身体。你会发现，喝了水后，自己的身体像是被重启了一样，顿时充满活力。

　　在讲课的过程中，我都会随身带着一大瓶矿泉水，因为我们的大脑 80% 都是由水组成的，我们的身体 70% 都是水，我们需要充足的水分。我教给大家一个判断自己喝水的量是否足够的公式：你的体重（千克）除以 32，这就是你一天需要补充的水的升数。比如我个人体重 66 千克，除以 32，每天需要补充 2 升多水。

　　第二个"1"：每天早晨我会给自己做一杯鲜榨的果蔬汁。可以选择苹果、香蕉、胡萝卜以及当季的绿叶蔬菜等，切块后一起放入搅拌机。我个人比较钟爱西蓝花和菠菜，西蓝花如今已经被时尚界奉为美容养颜神器。早餐我一般不会吃太饱，但是为了保障上午讲课时的精力是充沛的，我会在 10：00—11：00 吃一些坚果。我的吃饭顺序一般是先吃蔬菜，再吃鱼类或者是鸡肉这一类高质量的蛋白质，最后补充一点点米饭，这样可以控制碳水化合物的摄入量。午餐吃 7 分饱，既补充了下午继续工作的能量，又不会因为摄入过多的碳水化合物，导致血糖快速升高，带来困倦感。下午 4：00 左右，我会再补充一点水果或者坚果，给身体续航。

第三个"1"：每天清晨 1 分钟的体重自测。过了 25 岁，每天拿出 1 分钟测试体重，这小小的举动就可以为自己的健康把脉。我会格外关注自己的体重，如果健康出现了问题，在短时间内，体重也会有很明显的起伏。

每天清晨的 3 个"1"是我在 27 岁生日的时候给自己定下的准则，看上去很简单，但真正坚持下来却很难。从事美妆行业 15 年，为上万张脸做过妆容改造，我知道总有一天，衰老会爬上那一张张曾经光洁透亮的脸，我所能做的就是帮助大家和自己来养成一个健康的生活方式，延迟衰老的到来。

在担任《美丽俏佳人》主持人的那段时间里，因为角色和身份的转变，我常常陷入焦虑的状态，几乎每天都是到凌晨 3 点多，才因为过于疲倦而渐渐有了睡意。提醒大家，如果你因为职场或生活压力导致失眠期超过 10 天，一定要及时服用褪黑素，否则一个月后有可能会患上抑郁症。

我记得健康教练给了我一个建议，入睡前尝试听一些白噪音，类似于下雨声、潮水声等。过于安静的睡眠环境反而不是最佳的，睡前用手机播放一段深夜里的蛙鸣或蝉鸣声，总会把人带到小时候睡在姥姥家的木板床上的感觉，睡得很踏实。一定的噪音有利于让人舒缓情绪，通常白天在 40 分贝以下，晚上在 30 分贝以下的白噪音都会令人感到舒适。只有在安静的环境下突然发出的噪音，才会引起我们的注意，把我们从睡眠中吵醒。

　　看书或者需要高度集中精力的时候，也可以听一些白噪音，它能暂时地帮你隔离外界，好像为你圈了一块宁静之地。

　　像在 Rainy Scope 网站中，就可以听到四季不同的雨声，你还可以配合其他的音乐软件一起组合播放。另外，向大家推荐一位我比较喜欢的音乐制作人，名叫松田光由，大家可以在网易云音乐找到他的歌单。

前几年，我在清华等学校做巡回演讲，去推广一些时尚和美学相关课程的时候，经常会有人问关于职业规划的问题。我个人是练舞蹈出身的，机缘巧合走上了美妆这一条道路，后来作为美妆艺术家参加了一些美妆类、时尚类的综艺节目，又发现自己还有主持和演讲的天赋。如今，我每个月花在各地演讲的时间大约是 25 天，但是时至今日，我依旧保持着三个习惯：阅读、写作和演讲的刻意训练。阅读让我能够及时地了解这个世界最新的时尚和美学观念，可能我今天没有时间飞到巴黎去看一场心仪已久的时尚秀，但我会在当日工作后第一时间，让助理给我准备好这场秀的所有资料。要知道，时尚圈是更新换代最频繁的圈子，一不留神，你就发现自己在某个颁奖晚会上出了丑，所以也只有更丰富的阅读，才能让自己对时尚和美有足够的认知，保证自己往那一站，就是有自信、有态度的。

从最务实的角度来讲，写作和演讲是我个人累积财富的方式，因为每个人的时间都是固定的，每天有且仅有 24 个小时。刚毕业的你可能没有资金和能力组建并管理一家公司，把别人的时间变成自己的时间，但写作和演讲这两种方式，却可以将我们自己的时间同时卖给很多人。

当你在某一个行业里有了足够的经验和阅历，会有很多话要分享。每个人都是有表达的欲望和需求的，如果这种表达欲望被满足的同时，还能收获到志同道合的人，帮助到遭遇困境的人，这将是人生最美妙的事儿了。

你可以去找一些教写作的书或者报一个成人演讲班，去进行一些刻意练习。努力去拥有更多财富并不是鼓励女生们物质化，而是这种拥有可以让大家在内心深处拥有一种决策的自由，并可以用这种自由去让自己更精致，也可以用这种自由去保护自己的亲人和朋友。财富就好像一座桥两边的护栏，或许没有护栏，你也不会掉下去，但是内心总有一种不安全感。尤其是对于女生而言，我希望你可以成为一个拥有真正的自由且乐于记录、乐于分享、精致一辈子的女孩。

　　你是否经常面临这样的问题：工作中开了一个小差，打开微信或者抖音等软件，当再次回到工作中时，却发现已经到了下班的时间，无奈只好熬夜加班……

　　你是否每天早晨至少需要花10分钟的时间，站在衣柜前纠结如何穿搭衣服？

　　你是否办过至少三张健身卡，却总是因为没有时间而最终放弃？

　　你是否经常上午10点才进入工作状态，下午4点就已经困倦不已？

　　最近3年，你的体重是否有5千克左右的浮动，皮肤更加敏感脆弱？

　　如果以上五个选项，你有两个以上选"是"，说明你没有科学合理地管理自己的精力。尤其是我们处于一个信息爆炸的时代，电脑桌面上一个小小的弹窗就有可能消耗你一整天的时间，你会从一条新闻跳到一则娱乐八卦新闻，从一个八卦新闻转到一个网剧，最后可能落脚到某一个电商网店里。

一个人一天的注意力是有限的，而且每个人的注意力高峰期也不一样：有些人的注意力高峰期是早晨6：00—9：00，有些人却能够在晚上10:00达到创作高峰期。所以，你要找到自己的注意力高峰期，这样更容易产生创新性的思维。

我们看到乔布斯和扎克伯格常年穿着同样款式的衣服，是因为他们知道自己的注意力应该放在核心目标上。不过，作为女生，对于穿搭肯定有自己的要求。那我给大家的建议是：晚上临睡觉前，根据第二天需要出席的场合和天气搭配好衣服，并且梳理一下第二天的工作计划，将重点任务放在自己的注意力高峰期解决，有一个合理的时间安排。

我在给很多艺人做妆容造型的时候，结识了一些优秀的经纪人。经纪人最主要的任务就是合理地安排艺人的时间，也就是注意力，以求获得最大的价值回报。这种价值包括艺人名气上的价值以及财富价值。我发现聪明的经纪人总是懂得让自家的艺人把最大的注意力放在最有价值的目标任务上。

比如，第二天你有 4 个任务：

1. 回复一些事务性的邮件；

2. 面试 3 个应聘的员工；

3. 做一个季度总结，下周用；

4. 后天一大早需要陪领导会见一位重要的客户。

第一个任务和第二个任务都属于事务性工作，完全可以拿出一整块的时间来解决，比如吃完午餐回来，统一回复事务性的邮件，然后拿出一个小时的时间进行面试。

第三个任务可以选择在下午 4 点左右进行，而最有价值的目标任务就是第四个任务。你需要了解这位客户的基本信息，自己在这次会见中需要发挥什么作用，需要准备 PPT 吗？对方的需求又是怎样的？需不需要为此购买一套比较适宜的服装？

所以，我在那些优质的明星经纪人身上学到的，也可以分享给大家：

1. 学会甄别核心目标，并在注意力高峰期完成它。

2. 学会打包时间，集中解决不需要投入创意和脑力的事务性工作。

3. 理清第二天所有的工作计划并落实到纸上，每完成一件打一个"√"，这样会有成就感。

4. 女生必须打扮精致，但是首先要应景，穿着热裤参加诗朗诵大会，就算再时尚，也不得体。搭配的问题完全可以在前一天晚上解决，你会发现第二天的清晨变得没有那么慌张，好像从时间那里偷来了半个小时。

5. 你的注意力投放的位置基本和你的身价是成正比的。

　　我从报纸上看到一组数据：成年人平均每天只笑 8 ~ 15 次，而儿童大多在 400 次以上。在一些欧美国家，甚至开始兴起"笑的培训班"，有些人花钱上课"买笑"。神经生物学家罗伯特·普罗文（Robert Provine）通过研究发现：有别人在场的情况下，我们笑的次数是独处时候的 30 倍。笑在今天已经演变成一种社交工具，作为职场的新人，与上司在电梯间偶遇，在没有恰当的话题的情况下，点头示意并报以微笑才不失礼数。

　　可是笑不应该仅仅沦为可变现的工具，更应该是"开心"的代名词。刻意地提醒自己，在便利贴上画一个笑脸，贴在自己的办公桌上，我把它叫作"微笑暗示"。你会发现这种积极的情绪暗示会让你格外开心。笑 5 分钟相当于做了 45 分钟的有氧锻炼。

因为工作的关系，我曾经花了近一个月对着镜子练习微笑，可以给大家分享几个方法：

1. 选择嘴角发力，也就是喊出"茄子"的感觉。嘴角发力的笑容会让上嘴唇变薄，适合牙齿比较整齐好看的人。如果是面对客户或者同事，嘴角发力的同时，眼睛附近的肌肉也要有所联动，给人眼睛也在"微笑"的感觉，否则就变成假笑了。

2. 人中和下巴比较短的女生，可以尝试练习下巴发力，下巴发力可以拉长脸型，必要的情况下可以把嘴巴向下张开一点点。

3. 还有一种是苹果肌发力，也就是抿嘴笑，比较内敛或者是面部比较扁平的女生可以对着镜子练习一下这种笑容的发力方式。

那么，今天就给自己设定一个小目标，每天至少笑 20 次吧，永远不要忽视"笑"的力量。

文艺复兴时期，英国的上流社会是以会说法语为荣的，美国顶尖名校也曾经以会拉丁语作为入学的衡量标准。语言有时可以代表一种阶级，也可以代表一种修养。在未来，当全球被纳入一个大的网络里，多掌握一门外语会成为一项基本的技能。

哪怕未来购买翻译器只需 1 块钱，但语言的作用远不止问路、社交这么简单，它可以将你带入另外一种思维模式，是打开另外一扇门的钥匙。

我曾经有几次去日本参加活动，活动结束后，独自一人走在东京的一个小巷子里，看见一家装修别致但面积不是很大的寿司店，食客围坐成一个圈，捏寿司的老师傅站在中间，为每一个食客准备寿司。食客与食客之间、食客与寿司师傅之间彼此寒暄，偶尔举杯，偶尔大笑。我个人是很喜欢《深夜食堂》里那种日本饮食文化的，我也很想融入那种氛围里，不过由于语言不通，顿时感觉自己像是一个走错了房间的不速之客。

随着我去了越来越多的城市，每每想起与它们亲近的时候，尤其是面对自己钟爱的城市，都会有当时在日本寿司店的那种感受，其实那就是语言的隔阂。尽管你同样可以吃到自己喜欢的寿司，但你永远不能体验那种氛围。你可以坐飞机到达这个地球上最远的角落，但语言上的交流才可以将你的思维牢牢地锁在当地。

所以，多学一门外语吧，无论是为了应对未来的竞争，还是开拓一种全新的视野、体验另一种妙趣。

为什么我认为对于女生而言，书的重要性堪比口红？

因为女生长得漂亮容易，但活得漂亮却不简单。所以建议学文科的女生多读点科普著作，学理科的女生多研究点文学艺术。

人类不过是一种未来式的动物，就好像我们会买保险、买理财产品、买股票、相信公司给的期权，是因为我们对未来有美好的向往和预期。

近一两年，我身边很多工作人员空闲下来就会玩手游，开始我还持不可理喻的态度，结果"一入手游深似海"。心情特别烦躁的时候，我都会玩上两局，有时候因为玩手游荒废了一下午的光阴，内心还是非常懊恼的，结果第二天还是没忍住。我不禁感叹游戏开发者的强大，我时常在反思：为什么自己明明想戒掉却很难从游戏中抽离出来呢？

后来，我发现了一个词叫"奖励"。在现实生活中，我需要得到行业的认可、客户的认可、粉丝的认可、家人的认可，而在游戏的虚拟世界中，我在通关之后，同样需要得到肯定，哪怕这种肯定仅仅是一个虚拟的名誉勋章，当我获得一级勋章后，游戏又派发新的任务，并公告：完成新的任务即可获得等级提升以及各种各样的装备。于是，我又开始了新的游戏征程。

你可以说这是游戏开发者的套路，也可以说这是我们人性本身的弱点，当生活没有给我们许下一个确定的承诺时，我们就是会懈怠、懒惰。

于是，我试着用游戏里的奖励策略激励自己，每完成一项工作后，都给自己一个约定好的奖励，大到年终奖、季度奖，小到一场演讲结束后，我都会在备忘录里写下一个明确的奖励。每次遇到工作瓶颈坚持不下去的时候，就拿出备忘录翻一下："哇哦，原来3周后，我的欧洲之旅马上就开始了。"顿时满血复活。我把这个方法介绍给周围的工作人员，大家屡试不爽。

生活不会时时眷顾每一个人，唯一可以始终给自己承诺并奋不顾身去兑现的也只有自己。谈一段恋爱也好，促成一次合作也罢，当工作被分摊到生活的分分秒秒，哪怕是自己的兴趣所在，也会有失望失落、枯燥乏味的时候，不如在远远的灯塔上点一盏灯，在累的时候抬头看一看远方。

90% 以上的女生都有过减肥的经历，而减肥首先要克服的就是拖延症。有一个段子足以还原这种状态：二月不减肥，三月徒伤悲，四月徒伤悲，五月徒伤悲……你可能会疑惑：为什么很多女艺人可以减肥成功，她们就没有拖延症吗？说到减肥，无非是科学地健身，管理好饮食和作息，在很多软件和付费课程里都能找到规范的操练指南，可现实中绝大多数女生还是会减肥失败。其实相较于女艺人，普通女生减肥失败的主要原因是缺少了丢脸的机会。

你想象一下，假如你被某知名导演指定为电影女主角，而开机的时间定在 40 天之后，你还会拖延减肥吗？

再想象一下，假如你被指派为公司培训大会的主要宣讲人，时间就定在后天中午，届时会有

2000 人听你的宣讲报告，你还会拖延手头的工作吗？

国外的时尚圈和金融圈与国内的有一个特别明显的差别就是身材上的差别，你会发现国外越是高阶的时尚达人或者金融大亨，越是对自己的身材管理严格。因为在国外的文化准则里有一条：身材管理差的人，意味着意志力薄弱，自我管控能力较差。你会发现国外的胖子大部分都位于社会的中下阶层。

假如不减肥会让你失去一份高薪的工作，或者被周围的圈子嘲讽，你也能和所见到的女艺人一样减肥成功。

假如拖延手头的工作会让你在 2000 人面前出丑、丢脸，或者损失 30 万的年终奖，你肯定会立刻行动，奋笔疾书，高质量地完成工作。

　　对付拖延症，我一贯的方式是：找到让自己丢脸的方法。比如在主持《美丽俏佳人》的那段时间，我就会提醒自己，下下个周要录影了，再不控制饮食，瘦一瘦脸，肯定会有一大批观众看到镜头里自己的大脸。如今我在各个城市做演讲，做素人改造，我就会提醒自己，再不提前备课，就有可能出现现场卡壳的状况，那就太丢脸了。

　　就拿我写这本书来说，为了克服自己的拖延症，我首先给自己设定了一个大奖励，同时也给自己设置了一个丢脸的方式——我把自己具体完稿以及出版的时间告诉身边的工作人员，让他们时时提醒我。在这种群体的压力下，自己的自尊心和虚荣心就会作祟，于是拖延症也就不治而愈。

首先大家先进行一个压力测试：

1. 近两周出现莫名其妙掉头发的状况；

2. 皮肤敏感，出油量骤增，且有催生色斑的迹象；

3. 即使按时睡觉，也会有黑眼圈；

4. 食欲不振，体重有比较大的起伏；

5. 注意力难以集中，身体多个部位有疼痛感；

6. 处于焦虑情绪中，易怒；

7. 凡事都会先想到坏的结局，且反复回忆某一件已经做错的事情。

如果你出现了上述 3 种以上的情况，那么你正处于一个压力期。假如以上 7 种情况你近期都有出现，我建议你到正规的医疗机构接受心理援助。

当我们正处于压力期，最直观的表现就是皮肤开始变得敏感而油腻，紧张的情绪还会导致神经性皮炎的出现。如果超过半个月，你还没有跳出压力期，有可能会产生痘痘问题。我再重申一次，痘痘是病，而护肤品不是药，不要指望护肤品能帮你解决痘痘问题，严重的痘痘问题一定要到正规医院的皮肤科就诊。

当我们判断自己处于压力期的初期，就应该尝试运用科学的方法去应对它。

1. 保持足够的运动量。你不需要重新办一张健身卡，只需要离开你那把带滚轮的办公椅就可以，上下班保持 2 千米以内的步行，尽可能选择站立的方式办公，累的时候可以稍休息，也可以来回踱步。我个人解压的运动方式是选择一条特别僻静的胡同或者小道散步。如果是在郊外，我会约朋友一起爬山，但是我会事先和朋友约定好，爬山的过程中互不交流。这样我会把整个身心放到爬山这件事情上，与自然融为一体，感受自己的呼吸。那种感觉好像汗水滴落到石头上的声音都能听到，把自己的身体交还给自然，一次这样的体验就足以把我的烦恼全部释放掉。

2. 转移注意力。可以静下心来为自己或者恋人精心准备一顿晚餐，沉浸式地做某一件工作之外的事，其实就是一种放松，会很大程度地缓解焦虑的情绪，而且那种成就感会重新唤起你的积极情绪。

3. 在做好防晒工作的前提下，在早晨晒一晒太阳。

4. 永远不要忽视睡眠的意义。你经常会发现，睡了一觉，伤口愈合了，牙齿不疼了，皮肤又开始焕发光泽了……睡眠其实是身体自我疗愈的过程，大部分的压力问题都可以通过规律且高质量的睡眠解决，你可以比正常人稍晚一些睡，但是一定要有固定的睡眠时间。在有条件的情况下，养成午间小憩的习惯。

5. 找到认知水平相当的朋友，把近期的压力全部说出来，不是为了分摊压力，也不是为了寻求安慰，因为说出来这个动作已经是自我释放的过程，或许朋友的一剂良言还会让你的困惑得到解答。

6. 假如你真的没有可诉说的朋友，那就把遇到的压力和问题统统写到一张白纸上。直面压力的过程也可以看作是一次压力释放，通过梳理，你终会找到解决问题的方法。

7. 不要拒绝医疗机构的心理援助。压力对于现代人来讲好似一种隐形的感冒，它的后果可大可小，不过这种压力一旦失控，会影响我们的正常生活甚至引起疾病，应及时接受正规机构的心理援助。

假如你去火车站购买火车票，你会为了赢得别人的称赞而帮同事代买火车票吗？

A：会　B：不会

你会在生活中频繁使用"别管我了""放心吧，再晚我也会完成的""看你们，我都成""大家都不容易""那好吧"等话语吗？

A：会　B：不会

你会因为拒绝了朋友借钱的请求而感到愧疚吗？

A：会　B：不会

你会因为被一位没有那么熟的朋友删除好友而感到恐慌和纠结吗？

A：会　B：不会

在你非常疲倦的情况下，朋友向你讲述她的情感遭遇，你敢说自己很困吗？

A：敢　B：不敢

你会经常接受一些莫名其妙的饭局邀约吗？

A：会　B：不会

会议后，你没明白老板布置的工作，你会重新向老板询问吗？

A：会　B：不会

在工作和生活中，你是否希望每位朋友遇到困境后都能第一时间想到你？

A：是　B：不是

发完朋友圈后仅获得很少的赞，你会有失落感吗？

A：会　B：不会

以上 9 种情况，如果你有 6 条以上都选了 A，那么你很有可能属于讨好型人格，也就是我们常说的"老好人"。

老好人总是希望获得所有人的认可，宁可自己委屈受罪，比如朋友聚餐永远不敢说出自己想吃的那一家，不敢拒绝酒桌上那些灌酒的行为，即使你发现那是出于恶意。老好人总是假装很轻松地搞定一切，怕失去认可，怕不被认同。

其实绝大多数人在生活中都或多或少有一些好人症，因为我们从小接受的教育就是乐于助人、乐善好施、先天下之忧而忧，而获得认可和赞美又是人性的需求。我们都有虚荣心需要被满足，我们渴望大团圆的美满结局，所以在自己力所能及的范围内去乐于助人，这是没有错的，而过分的依赖于这种认可和赞赏其实是对自己的一种变相惩罚。

不必刻意去乞求尊重和赞赏，没有一个人可以获得所有人的爱，我见过很多刚入演艺行业的艺人，开始有了第一批粉丝，也开始有了第一批批判者。这个时候往往是他们人生中最黑暗的时刻，经纪公司都会给艺人做心理疏导，让他们意识到，这才是常态。作为一个普通人，我们应该做的是在爱自己的前提下去爱他人。你自己的人生不必由他人的"赞"来填充。

说"不"。对那些超过自己能力范畴的请求说"不"；对那些无礼的要求说"不"！告诉自己拒绝别人不是坏人，是一件再正常不过的事情。假如你因为拒绝了朋友借钱的请求，而遭到朋友的疏远、拉黑或者造谣，那么你应该感到庆幸，因为你验出了一个伪朋友，而且，你应该重新审视自己交朋友的方式。

做一个有原则的善良人。你不需要那么多朋友，所以不如先把自己的价值提高，然后也顺便提高一下交朋友的门槛，过滤出真正的朋友。你不用在她们面前假装圣人，假装无所不能。当然，你也要有自己的底线和原则，因为那是保护自己不受伤害的最后一道防线。

想要做一辈子精致的女孩，就应该多给自己创造"任性"的机会。

有时候在电视或者网络上，会看到我早期录过的一些美妆类节目。回看七八年前的自己在节目中的表现，总感觉有一种莫名的不自信。仔细回看几遍，才意识到当时的自己总会在说话的过程中频繁地使用"大概""有可能""基本上""然后"等词汇，当时竟毫不自知。

后来，在线下演讲时我会用手机录音，回到宾馆后再回放白天的课程录音，发现自己使用不确定性词汇的频次降低了很多，但依然存在。我在和朋友、客户聊天时，也会刻意去听对方语言中频繁使用的词汇，当客户说"这件事基本上没有问题"等类型的语句时，我的内心对此次合作是持怀疑态度的，我会非常忐忑，好像总会有哪一个环节出现问题。

口头禅更像是一种心理写照，它是无意识脱

口而出的，所以如果不是他人有意提醒或者自己录下声音回放聆听，你很难发现出卖自己的口头禅到底是什么。虽然自己意识不到，但对方是可以接收到的。

比如很多人会像我之前一样，频繁地使用一些模棱两可的词汇，这样就会给朋友或者客户造成一种不自信、不靠谱的感觉，好像和你合作，总有一种不安全感。

还有一些人在说话的时候，总爱加上"哎呀我去"或者"什么玩意儿"，就特别容易和人起冲突。

也有一些人在说话之前，总爱说"我和你说啊……"或者"你知道吗？"

也有一些人喜欢说"这事儿你不懂"，然后他开始口若悬河地讲一遍自己的道理。你会发现就算他说得对，被打断者也会争辩个一二。

还有一些人说话前，总爱加上一句"我说话直，你别介意"或者"说句不好听的"，只要这句话开了头，无论是在会议现场还是饭局上，都会陷入气氛的冰点，甚至不欢而散。

长辈在劝晚辈的时候，总爱不自觉地加一句"我都是为了你好"。我发现很多90后或者00后，他们不是不能接受长辈给的建议，而是不能接受这一句"我都是为了你好"。我曾问过身边的90后同事，最无法接受长辈的一句话是什么，排在第一位的就是"我都是为了你好"，被称为"易燃易爆词组"。

更有甚者，喜欢在每一次说话前加一句脏话，你问他为什么总是说脏话，他会说："我有说脏话吗？"其实他不是在撒谎，而是已经完全意识不到了。试问，你会愿意和一位把脏话挂在嘴边的客户保持长久的合作关系吗？你会对一直说脏话的人有良好的第一印象吗？

当然也有一些人的口头禅是值得鼓励的，他们经常会把"这事儿没问题""您太客气了""嗯，我先听听您的看法吧"这一类积极的、愿意设身处地站在对方立场思考的词汇挂在嘴上，你会发现他们往往身居要职，在公司中晋升的速度更快，社会地位更高，更容易赢得他人的尊重。

接下来，你可以用录音的方式检测一下自己的口头禅是否合适，是否会影响到你的工作和生活，可以找到自己使用最频繁的词汇，加以修正或者去除。

如果你像我之前一样，使用不确定性词汇较频繁，可以用"没问题"取代"有可能"。如果你有把握，就一定要用确定性词汇取代不确定性词汇。

如果你想打断别人，可以用"我也有一个小想法"或者"我觉得你说得挺对的，其实这事儿也可以这么想"取代"说句不好听的"和"你根本就不懂"。

如果你总爱把脏话挂在嘴上，我建议你找到自己经常使用的脏话后，先将平时的语速有意识地放慢，将脏话词汇写在手心，再去删除脏话。习惯养成的周期是 30 天，坚持下来，就会有很大的改观。

语言可以促成一次合作、成就一段恋情，也可以毁掉之前所有的一切，就从改掉那些不良的口头禅开始吧。

　　我们应当分得清挑衅和批评。当我们从大学步入社会，身上的标签会越来越多，面对的评价也越来越多，包括来自领导、客户、网友等各个方面的批评。批评可以分为有效批评和无效批评，那些恶意中伤、纯粹地发泄私欲和个人情绪的批评叫无效批评，我们完全可以置之不理，如果对方变本加厉，要学会反击。

　　当我们面对有效批评时，首先要做的就是直面批评，不要急于解释或者证明自己没有责任，即使事件失误的主要原因并不在于你。没有人愿意被人批评，可是那些提供有效批评的人往往是你生命中的贵人，先接受批评，再找机会表达自己的功过和所应承担的责任。

　　再者，不必过分自我苛责。所有的事情都是在不断修正中变得完善的，相信自己终有一天会超越那些曾经你认为很厉害的人。

　　学会道歉。道歉的意义是防止同样的错误再次出现，所以与其向领导或者客户一直说对不起，不如检讨错误的所在，并敢于承担责任，尽量向事儿道歉，不必卑躬屈膝。

女性天生带有社交属性，而一件恰当的礼物则会成为社交利器。那些逢年过节就往客户和朋友家寄点心的人，不仅不会博得对方的欢心，还有可能因为他的不走心而反感，这就是典型的费力不讨好行为。所以学会送礼是精致女孩的一堂必修课。

首先你得有意识地将对方的特殊日子和喜好记录在案，我一般会准备一个大日历，在一些关键日期标注清楚对方的身份、喜好，比如合作了3年的客户李女士，3月10日是她的生日，我会嘱托助理帮我挑选一件礼物提前备好，这样就不会有疏漏。我会选择对方能够高频使用的，并且是在我专业范畴内的礼物。

前年，我的闺密过生日，我送给她一个美妆箱，里面是我为她搭配的适合她的皮肤类型的面膜、面霜、乳液之类的。因为在她生日前，我了解到她马上要去横店拍戏，而她的皮肤属于油性皮肤，还比较容易过敏。当时正值夏季，她一直担心自己的皮肤问题会影响到工作，为此，我偷偷帮她准备了"一揽子"解决的美妆箱。她说这是她一生中收到的最特殊、最实用、最有意义的礼物。对于我而言，心里还是蛮感动的，她能了解到我的用心，然后又是自己当下可用而且急需的东西，最关键的是这份礼物是独一无二的，而且是符合我个人专业身份的。

如果你的专业是品酒师或者葡萄酒销售之类的工作，就可以为朋友挑选一瓶适合对方品位的葡萄酒，并搭配上精心挑选的酒杯，可能加起来也就花费 500 元左右，但对方绝对会倍受感动。

一件高级的礼物是需要同时满足"独一无二

的专属性""对方可以高频次使用""可以将你的专业身份和技能融入礼物中"这三个特点的，这样的礼物才能体现出你的"用心""细心"和"放心"。

在为客户准备礼品的时候，假如我不了解客户的真实需求，我一般会准备当下最潮的时尚单品，比如正值夏季，我会送一款适合对方脸型的时尚墨镜或者是洗脸仪等。我一般会给长辈准备品质稍微高一些的家居用品作为礼物，因为我发现上一辈人有一个习惯，你把钱打到他的卡里面，让他自己去买一套上千元的床上三件套或者睡衣，他还是会舍不得，或者他们害怕买到假的，不如你直接买了送给他。

如果你有时间，尽可能地在礼物盒里亲笔写下你的祝福，当人们习惯了微信祝福和电子红包，对于过往的可触摸的东西会更怀念。因为手机确实让人们逐渐丧失了感知真实世界的能力，所有的关系变得异常脆弱，所有的情感变得触不可及，就像潮流总是风水轮流转一样。当人们习惯了高效后，反而会重新对那些象征着"从前慢"的信笺格外着迷，亲手写下一段文字，对方能从不足100字的简短祝福里读出一个波澜壮阔的曾经。

我很庆幸自己生活在一个"年龄"标准越来越模糊的时代，我们可以 10 岁当一名诗人，可以 18 岁名扬天下，可以 40 岁依旧单身，可以在 50 岁那年重新考取一所心仪的大学，可以在 90 岁的时候走上耀眼的 T 台。

那些在今天看似另类的、独特的"天选之人"只会是未来世界的一种常见的存在，当我看着那些十八九岁意气风发的选秀选手，他们天不怕地不怕，一副"浑不吝"的样子，他们在打破和重组这个世界的规则。哪还有什么适当的年龄，不过是给躲在舒适区的自己的另一套说辞。

我经常会问身边的朋友：你会担心自己不再年轻吗？绝大多数人的答案是肯定的。今年年初的一次颁奖典礼上，主持人把这个问题抛给了我，我才真正有意识地去认真思考这个问题。

我把这个答案回复给自己：我并不会担心自己不再年轻。

20 岁的时候，觉得 30 岁好老，到了 30 岁，觉得 35 岁挺老的，当我过了 35 岁，却发现自己依旧很年轻，我敢于尝试新鲜的事物，依旧是心有未来，活在当下。

其实，无论对于男人，还是女人，如果无法与衰老和解，只会徒增烦恼，变得不快乐。从外在来讲，护肤是一场终将失败的战役，所以要养成良好的生活习惯，毕竟防衰老比抗衰老更重要。

从内在来讲，去读书，去旅行，去冒险，去勇敢接受时间流逝的事实。这里我要特别纠正一个误区，美不等于年轻，而衰老也并不等于丑陋。有那么多 60 多岁依旧魅力无限的男士和女士，他们从容而自信，非常有魅力。年轻貌美并没有什么了不起，美到最后才是真正的赢家。

所以，哪有什么适当的年龄，有些人 20 岁就已经在死撑了，有些人 80 岁走在 T 台上依旧带风。

葡萄酒对于古罗马人来讲就是身份证，在古罗马如何区分奴隶和自由人呢？第一，自由人有投票权而奴隶没有；第二，自由人拥有一定配额的葡萄酒而奴隶没有。由此可见葡萄酒的重要性。

葡萄酒内的葡萄多酚，能够刺激皮肤的暗沉素减退和代谢，因此成为很多时尚达人的护肤美白神器。近五年，红酒越来越受到年轻人的喜爱，尤其是一些时尚聚会、商务酒会，总能看到类似于影视剧里的画面，大家聚在一起，每个人手里摇晃着红酒杯，不时碰杯小酌，格外优雅。我个人并不排斥路边摊的把酒言欢，但在有条件的前提下，我会鼓励大家向更优雅、更精致、更健康的生活方式靠拢。接下来我给大家分享一些简单的葡萄酒的社交礼仪：

1. 如果你参加的是比较高端的社交晚宴，会有服务生按照座次，依次倒酒。如果需要你为在座的各位女士倒酒，在倒完酒时，记得轻轻地顺时针扭转酒瓶，防止滴漏。而且红葡萄酒只需要倒满酒杯的 1/3，白葡萄酒需要倒满 1/2，香槟则要倒满 3/4。

2. 当你向朋友敬酒时，一定要双目温柔地注视着对方，千万不要把酒杯举过自己的视线。当他人向你敬酒时，即使你不方便饮酒，也记得一定要举杯示意，面带微笑。

3. 可以选择用拇指、食指和中指夹住高脚杯杯柱，也可以直接握住杯底，千万不要手持高脚杯的杯肚，即使你不需要摇晃酒杯去释放酒香。碰杯时，需要用高脚杯的杯肚部分接触。自己选购高脚杯时应切记：好的高脚杯在碰杯时会发出悠扬而清脆的声音。在比较正规的社交晚宴上，记得红酒杯一定要放在水杯右边。

4. 红葡萄酒适合在就餐过程中饮用，比较适合搭配一些牛羊肉或者酱汁类的食物。白葡萄酒适合在正餐之前饮用，它的口感更清爽，所以比较适合搭配沙拉或者鲜虾、鱼类等食物。香槟就比较适合在宴会开场或者各种赛事时饮用。当然如果你接受不了红葡萄酒的涩和白葡萄酒的酸，可以尝试一下桃红葡萄酒，它的口味介于上述二者之间。入门级别的女生可能会比较容易接受桃红葡萄酒，而且它适合饮用的场合也比较多，饮用时可以搭配新鲜鱼类、奶酪三明治、火腿和猪肉等，也可以在炎炎夏季加上冰块饮用，降温解暑。

5. 每天饮用葡萄酒对女性确实有好处，但一定要适量，比如如果酒精度数是 15%，女生每日的饮酒量控制在 150 毫升以内为最佳。切记，孕妇不要饮酒。

最后提醒大家，在参加社交晚宴前，如果你使用了唇彩或者是颜色比较明显的口红，记得先用餐巾将口红擦掉，避免将口红留在杯子上或者粘到牙齿上造成尴尬。用餐结束后，可以到洗手间清洗一下唇部，重新补上口红。

我们通常把不麻烦别人当作一种良好的修养，但是，当你走进一家高级餐厅，服务员为你提供无微不至的服务时，如果你提出："这个我们自己来吧，就不麻烦你了。"这个行为看上去很体贴，但其实反而是一种不礼貌的行为，因为你在内心深处把"服务"本身当成一件低人一等的事情。对服务生而言，为顾客提供良好的服务恰恰是一件很自豪、很有成就感的事情，那是他的本职工作。在他眼里，服务生和设计师、金融分析师是无差别的。

在很多高级餐厅和商场会有很多无须自己动手操作的事情，最优雅的做法是享受工作人员提供的服务，并且对工作人员真诚地说一声"谢谢"。当你需要拜托工作人员为自己提供服务时，也一定不要用命令的口吻。

在工作和生活中，也要破除掉"向人求助 =
麻烦别人"的想法。纵观国内外，你会发现一个
现象：富人群体反而更喜欢互相麻烦。对于他们
而言，求助是一件双赢的事情，求助不是乞讨，
而是一种自我价值展现的过程，只有很少的帮助
叫雪中送炭，更多的是锦上添花。社会是一个巨
大的价值交换中心，每个人都喜欢为有价值的人
提供帮助，别忘了有一句话叫：得道者多助，失
道者寡助。

做一个善于麻烦别人的女生，在此之前，一
定要让自己配得上别人的帮助。当你足够优秀，
你会发现有越来越多的人愿意为你提供帮助。当
你有足够的能力和资源，也不妨广施援手，去接
受一些来自他人的"麻烦"吧。

　　每个人都终将老去，假如有一天你也即将离去，你希望身边的亲人、亲密的朋友如果评价你?

　　她是一个的＿＿＿＿＿＿＿＿＿人。

　　愿你用得起最好的，也能在不尽如人意的境遇中认真对待自己。

扫一扫，
获得超值"书外世界"资源包